城市绿地系统评价体系构建及应用研究
——以武汉市为例

宋会访　孙丛毅　梁潇　著

中国建筑工业出版社

审图号：武汉市 s（2025）006 号

图书在版编目（CIP）数据

城市绿地系统评价体系构建及应用研究：以武汉市为例 / 宋会访，孙丛毅，梁潇著 . -- 北京：中国建筑工业出版社，2024. 12. -- ISBN 978-7-112-30477-6

Ⅰ. TU985.263.1

中国国家版本馆 CIP 数据核字第 2024S6E578 号

责任编辑：刘　丹　吴宇江
责任校对：李欣慰

城市绿地系统评价体系构建及应用研究——以武汉市为例
宋会访　孙丛毅　梁潇　著

*

中国建筑工业出版社出版、发行（北京海淀三里河路9号）
各地新华书店、建筑书店经销
北京雅盈中佳图文设计公司制版
建工社（河北）印刷有限公司印刷

*

开本：787毫米×1092毫米　1/16　印张：$12\frac{1}{4}$　字数：266千字
2025 年 5 月第一版　2025 年 5 月第一次印刷
定价：68.00元
ISBN 978-7-112-30477-6
　　　（43837）

　　城市化不仅在发达国家中留下了深刻的烙印，而且在发展中国家如中国展现出前所未有的活力和变化。随着全球经济的快速发展和人口的不断增长，城市化进程给城市环境、社会结构和居民生活带来了深远的影响，成为当今世界面临的重大挑战之一。自改革开放以来，中国的城镇化率显著提高，城市的规模和形态也在不断演变。当今中国城市发展模式已经从增量规划转变为存量规划，这意味着在有限的城市空间内，必须更加注重优化和更新。城市绿地作为城市空间的重要组成部分，为城市居民提供了宝贵的休闲场所，是人们放松身心、交流情感的重要场所，承担着社交、文化和休闲等多重功能，对缓解城市压力、改善居民生活质量具有重要作用。同时，城市绿地也是展示城市文化和历史的重要载体，对于提升城市的形象和魅力具有不可替代的作用。在城市更新进程中，应充分发挥城市绿地系统的功能，规划和建设具有生态、文化和社会价值的城市绿地空间，提高城市的生态、文化和社会发展水平，同时促进城市可持续发展。因此，城市绿地系统的优化和更新成为当前城市发展的重要议题。

　　本书聚焦城市更新背景下城市绿地系统规划的发展与更新，回顾国内外城市绿地规划发展历程，梳理国内外城市绿地系统规划及评价的文献研究、实践案例。通过对大量文献的检索和筛选，结合专家问询，以城市绿地系统的生态功能、社会经济效益、景观效益、空间结构、防灾避险五个主要功能为出发点，构建城市市域、中心城区、市辖区三个不同尺度下城市绿地系统评价模型，利用多元大数据的定量和定性分析方法对武汉市域、中心城区、市辖区（汉阳区）城市绿地系统进行评价分析。同时本书根据评价指标和结果提出不同尺度下城市绿地系统优化的策略，以期更加科学地指导城市绿地资源部署以及城乡生态园林绿色空间统筹规划。

　　本书内容共分为理论和实践两部分。理论研究包含第1~4章。

　　第1章，绪论。本章深入探讨城市绿地系统评价体系构建及应用研究的政策背景和现实背景，挖掘研究的目的与意义，明确评价体系在推动城市绿地建设中的关键作用。在此基础上，提出科学合理的研究技术路线，确保研究的系统性和科学性；并阐述具体的研究方法，为后续的评价体系构建提供有力支撑。

　　第2章，相关概念及研究综述。本章致力于探讨城市绿地系统的多重功能和意义，以及与绿地和评价相关的概念。回顾国内外城市绿地规划的演变历程，深入挖掘其背后的社会、经济和环境因素。通过整理和比较各类文献资料及实践案例，对国内外城市绿地规划与评价方面的研究成果进行了全面的梳理。此外，还特别关注国外理论研究的进展，并对其进行了深入的分析和评价。总结国内有关城市绿地评价的法规、规范和理论研究成果，特别是在生态功能、社会经济、景观设计、空间布局和防灾避险等方面的应用情况。

第 3 章，相关理论研究基础。本章重点探讨了景观生态学理论、生态网络理论、可持续发展理论、人本主义理论以及国土空间规划理论等城市绿地评价的关键理论基础，为城市绿地系统评价体系构建打下坚实的理论基础。

第 4 章，城市绿地系统评价体系研究构建。本章主要探讨构建城市绿地系统评价体系的方法。具体分为四个部分：（1）评价技术指标的选择。明确评价体系构建原则，采用文献研究和频度分析等方法进行指标的选择；对指标进行分类判断，并划分属性。（2）评价系统框架的确定。筛选并论证城市绿地系统评价指标体系框架，对各个单项指标进行概念界定和应用技术公式推导。（3）指标的收集和量化分析。确定各个指标的量化标准，并进行数据的收集和处理。（4）评价模型的权重分配和检验。通过使用层次分析法，构建城市绿地系统评价指标体系，建立判断矩阵，计算各因素指标的权重系数，并进行层次总排序，完成评价体系的构建；并对权重比例进行一致性检验，确保评价指标体系的准确性和可靠性。

以武汉为例的实践包含第 5~7 章。

第 5 章，武汉市城市绿地系统的评价研究。本章以武汉市为案例，进行评价实证研究。具体内容如下：首先，介绍武汉市的基本情况和城市绿地系统规划的主要内容；其次，根据科学构建的评价指标体系，对武汉市域城市绿地系统、中心城区城市绿地系统、汉阳区城市绿地系统进行评价分析，得出相应的评价结果。

第 6 章，武汉市城市绿地系统优化研究。本章依据城市绿地系统评价模型对武汉市域城市绿地、中心城区城市绿地、汉阳区城市绿地三种空间尺度的评价结果进行针对性的策略优化研究。

第 7 章，结论与展望。对本书的主要研究成果和未来发展方向进行阐述，以求通过研究以点带面，助力完善湖北省城市绿地系统规划理论体系，对城市绿地发展与城市环境品质提升具有一定的借鉴意义。

目 录

第 1 章

绪　论

1.1 研究背景

城市绿地系统的研究与实践一直是城市发展的重要议题。随着全球化的加速和城市化的进程，城市发展面临着诸多挑战，如人口增长、环境质量下降、资源紧张等问题。在这样的背景下，如何合理规划城市绿地系统，使之在满足生态、景观、游憩等功能的同时，更好地服务于城市更新与发展，成为一个亟待解决的问题。

1.1.1 政策背景

在政策背景下，生态文明建设和城市更新已成为推动城市绿地系统研究的两大重要驱动力。随着这些政策的逐步落实，城市绿地系统的研究受到了越来越多的关注和重视，成为学术界和实践领域共同关注的焦点。

1.1.1.1 生态文明建设

生态文明建设在中国特色社会主义建设中的地位至关重要。在 2012 年 11 月，中国共产党第十八次全国代表大会报告提出"全面落实经济建设、政治建设、文化建设、社会建设、生态文明建设五位一体总体布局"。生态文明建设的纳入，进一步强调了可持续发展的重要性，突出了人与自然和谐共生的理念，为推动中国特色社会主义事业的全面发展提供了坚实的支撑。

2015 年，《中共中央 国务院关于加快推进生态文明建设的意见》发布。2018 年 3 月 11 日，第十三届全国人民代表大会第一次会议通过了宪法修正案，宪法第八十九条"国务院行使下列职权"中第六项"（六）领导和管理经济工作和城乡建设"修改为"（六）领导和管理经济工作和城乡建设、生态文明建设"。这一修改凸显了生态文明建设在国家发展中的重要地位，表明国家将更加重视生态环境保护，以实现经济社会的可持续发展。生态文明建设的核心目标是实现人与自然的和谐共生，而城市绿地系统规划正是实现这一目标的重要手段之一。城市绿地系统作为城市生态系统的重要组成部分，具有提供生态服务、改善城市环境、促进居民身心健康等多重功能。通过合理的城市绿地系统规划，可以有效提高城市的生态环境质量，满足人民日益增长的生态需求，提升城市的可持续发展水平。

同时，生态文明建设也对城市绿地系统规划提出了更高的要求。为了实现生态文明建设的宏伟目标，城市绿地系统规划需要更加注重生态优先、绿色发展等原则，强化生态修复和环境治理，提高城市绿化覆盖率和绿地的生态质量。同时，还需要加强城市绿地系统与其他生态系统的联系，构建完整的城市生态网络，促进城市与自然的和谐共生。

1.1.1.2　城市更新

城市更新是指对已经无法满足当今城市生活需求的地区进行有计划、有必要的改造活动。大规模的城市更新运动始于 20 世纪 60~70 年代的美国，由联邦政府补贴地方政府对贫民窟土地进行征收，然后低价转售给开发商进行城市更新。

在 20 世纪 90 年代初，吴良镛从城市的保护与发展角度，提出了城市"有机更新"的概念。在 2020 年 10 月，党的十九届五中全会明确提出了实施城市更新行动，以推动城市的高质量发展，并努力将城市建设成为人与人、人与自然和谐共处的美丽家园。2021 年 3 月，"实施城市更新行动"首次写入我国五年规划，城市更新的重要性提升到了前所未有的高度。

2009 年至 2024 年 1 月，北大法宝资料显示，标题中含有"城市更新"的中央法规共有 16 项。其中，部门规章有 12 项，行业规定有 4 项。此外，地方性法规共计 590 项，包括地方性法规 7 项，地方政府规章 11 项，地方规范性文件 186 项，以及地方工作文件 386 项。值得注意的是，2009 年首个地方政府规章《深圳市城市更新办法》出台，随后在 2010 年深圳市又相继出台了 1 项地方规范性文件和 2 项地方工作文件。从 2015 年开始，关于城市更新的地方性法规和规章的数量逐年增加，从 2015 年的 15 项增加到 2020 年的 58 项，并在 2021 年实现了翻倍，突破了百项。2022 年的数量最多，达到了 146 项。为了保障城市更新的顺利实施，深圳市、上海市、辽宁省、北京市、玉溪市、石家庄市和郑州市等地先后颁布了《城市更新条例》。这一系列的法规和规章为城市更新行动提供了有力的法律保障。同时，《中华人民共和国国民经济和社会发展第十四个五年规划和 2035 年远景目标纲要》的发布也标志着城市更新行动在我国未来发展中的重要地位。

实施城市更新行动是解决城市发展中的突出问题和短板，提升人民群众获得感、幸福感、安全感的重大举措。城市绿地系统建设作为城市更新行动的重要组成部分，对城市的生态环境、可持续发展、居民生活品质和经济发展等方面具有重要意义。

因此，对城市绿地系统的评价和应用实践研究非常重要。通过评价城市绿地系统的生态、社会和经济等方面的效益，可以更好地了解城市绿地系统的现状和存在的问题，为城市更新行动提供科学依据。同时，应用实践研究可以帮助将理论转化为实践，探索适合不同城市特点的城市绿地系统建设模式和方法，提高城市绿地系统的建设质量和效果。综上所述，城市绿地系统建设在城市更新行动中具有重要的作用，对城市的可持续发展和居民的生活品质具有积极的影响。加强对城市绿地系统的评价和应用实践研究，可为城市的可持续发展提供有力支持。

1.1.2　现实背景

随着我国经济的飞速增长，人民生活水平得到了显著提高，从而对居住与生活的环境也提出了更高的要求。然而，城镇化进程中产生的诸多问题，如城市环境的人工化、人口密集化以及工业生产的集中化等，都对自然生态平衡系统造成了严重的破坏。

城市绿地系统作为人居环境中具有生态平衡功能的绿色空间，对改善城市生态环境具有重要作用。基于此，在城市发展由增量规划转为存量规划的大背景下，如何在城市更新进程中更合理地进行城市绿地系统的规划与建设对当下城市发展有着重要的作用与意义。

在城市更新进程中，必须重视城市绿地系统的规划和建设，以保障城市生态环境的可持续发展。在早期的城市发展中，城市绿地系统的布局往往缺乏统一的宏观规划，且科学性和合理性不足。随着工业革命和城镇化进程的加速，环境问题逐渐凸显，人们开始深刻认识到生态环境对城市发展的重要性。因此，生态规划思想逐渐被引入城市绿地规划中。

随着时代的进步和科技的日新月异，遥感技术、地理信息系统、大数据和计算机技术等新技术的出现与应用，为城市绿地系统的规划和管理提供了前所未有的机遇。它们为城市绿地系统提供了强大的技术支持，更为实现城市可持续发展、创造美好生态环境和生活空间指明了方向。

在这样的现实背景下，本书旨在深入探讨城市绿地评价体系构建及应用研究，结合生态学、景观学、地理信息系统等多学科理论构建城市绿地系统评价模型，借助遥感技术、地理信息系统、大数据等先进技术手段，依据城市绿地系统评价模型对武汉市域城市绿地、中心城区城市绿地、市辖区城市绿地三种空间尺度的评价结果进行针对性的策略优化提升研究，期望能够为城市绿地系统的规划与管理提供理论支持和实践指导，助力城市实现绿色、可持续发展。

1.2　研究目的与意义

1.2.1　研究目的

"十四五"时期，我国踏上了全面建设社会主义现代化国家的崭新征程，开启了高品质发展的新纪元。在这样一个关键时期，如何实现城市的可持续发展、推动城乡一体化进程和构建人类命运共同体显得尤为重要。推进新型城镇化发展、促进城市高质量发展，城市更新行动是不可或缺的重要手段之一。从城镇化的发展历程来看，我国已经进入了"下半场"，积极高效地实施城市更新行动已成为重要的发展模式。新一轮城市更新需要对城市功能和城市空间进行双重更新，加快城市存量土地的盘活与城市转型提质，实现城市建设与管理的"新常态"。在生态文明为背景下，新一轮绿地系统规划对生态资源的统筹和绿色基础的整理提出了更高的要求。

为了更有效地管理和规划城市绿地，首先需要建立一个科学、合理的评价体系。这个评价体系将基于各种指标，如绿地的生态价值、景观效果、社会效益等，为城市绿地的发展提供了方向和标准。城市绿地应该分类分层构建绿地系统评价体系，充分发挥不同尺度城市绿地的效能。由于城市绿地不仅具有生态功能，而且是城市文化、休闲的重要载体。评价体系将特别关注绿地与城市其他功能区的协调性，确保绿地在推动城市可持续发展中发挥更大的作用。

本书的研究对象聚焦于城市更新大背景下城市绿地规划的发展和更新。研究侧重于评价中心城区绿地系统规划各方面功能服务情况，并探索城市绿地系统未来发展方向以及在存量规划下生态理念统筹发展与管理的方向。因此，需要建立一套符合城市资源特点的绿地系统评价指标体系，对城市绿地系统的现状进行评估，客观评价城市绿地建设和管理情况，合理预测城市绿地系统的发展规模和结构，以期更科学地指导城区绿地资源的配置和城乡生态绿色空间的统筹。

1.2.2 研究意义

城市绿地系统作为城市的重要组成部分，不仅为城市居民提供了休闲、娱乐和放松的场所，而且对城市的生态环境、社会经济和景观等方面产生着深远的影响。随着城镇化进程的推进和人们对美好生活需求的增加，城市绿地系统的建设和管理越来越受到重视。因此，城市绿地系统评价体系构建及应用研究具有学术和实践双重意义。

1.2.2.1 学术意义

（1）构建绿地评价模型，适应时代需求。在存量规划成为城市更新主导模式的背景下，城市绿地系统发挥着不可或缺的作用。随着城市的不断发展，摸清城市绿地的实际情况变得愈发重要。因此，构建城市绿地系统的评价模型不仅是一个迫切的需求，而且是一项至关重要的任务。城市绿地系统的评价是衡量园林绿化工作成效的标准，更是城市更新和建设管理的关键环节。它关乎整个城市的生态、景观和社会经济效益等方方面面。然而，当前的城市绿地评价体系存在一些问题，如主观性过强、缺乏统一标准、数据不完整以及公众参与不足等，这些问题都制约了评价的准确性和有效性，无法满足现代城市发展的需求。为了解决这些问题，建立一套科学、系统和完善的城市绿地系统评价指标体系变得尤为重要。

（2）拓展学科交叉研究，促进理论发展。通过构建评价体系，可以深入挖掘城市绿地与生态学、景观学、城市规划等领域的关系，有助于拓展学科交叉研究，提高研究的学术前瞻性和创新性，促进相关理论的发展。在存量空间下如何对城市空间进行改造更新是当下城市规划研究人员需要研究的重中之重。基于此进行的城市绿地研究，期望在未来城市绿地发展进程中能更好利用大数据信息，对其进行深度挖掘，为未来人居环境提升以及城市空间布局规划提供更加完善的支持。通过对城市绿地潜力更新测算模型的完善，为城市规划学者提供更为准确的数据支持，推动城市规划学科的发展。

1.2.2.2　实践意义

（1）通过对城市绿地系统现状评价分析，对城市绿地潜力更新的相关政策制定以及科学的决策具有重要的实践意义。在存量发展背景下，如何在满足当今人民需求、改善人居环境，是决策者应当正视的问题之一。由于对城市绿地的改造是涉及经济、社会、环境多方面因素的系统工程，在有限的资源下需根据更新改造对象的潜力进行有序推进。针对城市内的绿地构建潜力测算指标和方法，评估城市绿地的改造潜力，能够为相关政策的制定以及规划目标的确定提供客观科学的决策。

（2）通过建立科学的评价体系，可以指导城市绿地的合理布局和管理。城市绿地系统评价指标体系不仅能够为政府决策提供科学支持，助力政府更加精准地制定城市绿地规划和管理政策，而且有助于提升城市管理的科学性。在城市更新进程中，通过评价体系的指导，进行绿地建设的实证研究，将有效推动城市绿地建设的实践创新。这不仅对于缓解城市环境问题、提高居民生活质量产生积极的影响，而且为城市的可持续发展和生态文明建设提供具体、科学的指导。

1.3　研究内容

1.3.1　研究对象

本书以武汉市为例，涵盖市域（东经 113°41′47.7456″~115°4′3.7344″，北纬

29°58′18.5484″~31°21′46.4866″）、中 心 城 区（ 东 经 114°7′6.5856″~114°7′9.2292″，北 纬 30°22′52.2768″~30°42′2.7288″）以 及 汉 阳 区（ 东 经 114°7′6.5856″~114°7′29.4324″，北纬 30°28′42.8412″~30°36′22.3092″）三个不同尺度的城市绿地系统。

1.3.2　主要研究内容

（1）城市绿地系统评价体系的构建。通过文献研究和频度分析等方法，采用层次分析法（AHP）构建评价指标体系，建立判断矩阵，计算权重系数，并进行层次总排序，最终完成评价体系的构建。

（2）武汉市城市绿地系统的评价研究。通过对城市绿地系统各项指标的综合描述，将难以描述或获取的指标进行量化，并进行归一化处理，使得这些指标可以相互比较和计算，利用多元大数据的定量和定性分析方法，对武汉市域、中心城区和市辖区——汉阳三个不同尺度的城市绿地系统进行了评价分析。通过对评价结果的解读，识别出武汉市绿地系统在各个评价指标上的表现，以及存在的优势与不足。

（3）绿地系统优化策略。基于评价结果，提出了针对不同尺度下绿地系统的优化策略。优化策略旨在提升城市绿地系统的生态功能、社会经济效益和景观效益，同时考虑空间结构的合理性和防灾避险的能力。

1.4　研究技术路线

本书研究的技术路线基于文献综述和实证研究相结合的方法。首先，通过文献综述对城市绿地系统的相关概念、分类标准及评价体系进行梳理，探析相关理论基础，明确研究对象。其次，通过评价技术指标选定、评价体系框架确定、指标收集量化分析、评价模型权重配比与检验构建城市绿地系统评价体系。再次，以武汉市城市绿地系统为实证研究，对武汉市城市绿地系统进行实地调查和数据收集，包括绿地的类型、面积、质量等方面的数据，在此基础上运用统计分析方法对数据进行处理和分析，探究城市绿地系统的现状、问题及其原因。最后，结合理论分析和实证研究结果，提出优化城市绿地系统发展的对策建议，为城市规划和生态环境建设提供科学依据，具体技术路线见图 1-1。

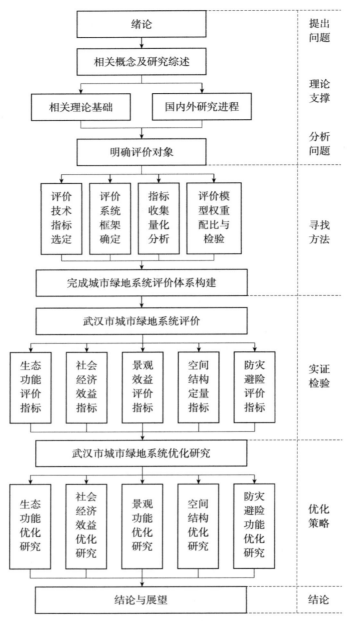

图1-1　研究技术路线

1.5　研究方法

　　随着城市更新的不断推进，如何科学合理地规划城市绿地系统成为研究的重要方向，研究城市绿地系统评价体系的方法有多种，本书采用定性和定量相结合的研究方法，具体方法如下。

1.5.1 文献研究法

通过广泛阅读大量相关文献，全面了解中西方关于城市更新和城市绿地系统规划的发展与理念。

首先，通过分析城市更新的历史演变，追踪城市绿地系统在这一进程中的发展轨迹，理解不同时期对绿地系统的需求演变。其次，聚焦于城市绿地系统规划领域的当下研究热点与不足。深入了解当前研究中所关注的问题，同时关注了现有研究中存在的不足之处，启示本研究的创新。再次，仔细筛选城市绿地系统评价指标。通过分析不同评价体系的指标，挑选与研究方向相关且具有代表性的评价指标，以确保研究在评价城市绿地系统时具有科学性和实用性。另外关注城市绿地系统的功能与空间结构分析。主要涉及城市绿地在生态功能、社会经济效益、景观效益等方面的多维度分析，以及绿地系统在城市空间结构中的定位和作用。最后，深入研究城市绿地系统相关的编辑技术及行业规范，包括绿地系统规划与设计中常用的技术手段，如地理信息系统（GIS）、遥感技术等，以及国际上和国内相关的行业规范和标准。

1.5.2 实地调研法

实地调研法是采用客观态度和科学方法的研究手段，通过在确定的范围内进行实地考察，搜集大量资料以进行统计分析，从而深入探讨某种社会现象。在本研究中，选择武汉市中心城区的部分绿地进行实地调研，以全面了解城市绿地的生态、功能、使用性等方面的实际状况。

实地调研的方法包括多种途径，其中拍摄、发放问卷、走访调查等是主要采用的手段。通过拍摄，能够直观地记录绿地的景观、植被和周边环境，为后续研究提供视觉素材。通过发放问卷，收集居民对绿地的使用感受、期望以及对环境质量的评价，从而获取用户的主观反馈。走访调查则能够与当地居民、绿地管理者等直接交流，深入了解他们的需求和看法。

同时，为了更加全面深入地了解武汉市整体的城市绿地系统，结合网络大数据和城市用地规划图进行综合研究。通过分析网络大数据，获取关于绿地的热度、活跃度等信息，为研究提供更广泛的参考。城市用地规划图则提供了关于绿地布局、规模、用途等方面的宏观信息，帮助理解城市绿地系统的整体格局。

1.5.3　基于多元大数据的 GIS 空间分析法

结合多元大数据，实现城市形态研究的多元大数据采集、融合技术。研究利用 POI（兴趣点）和 AOI（区域兴趣点）等多元大数据，覆盖城市人口、兴趣点、交通路网等多方面信息，通过 Python 网络爬虫技术对各类城市数据进行高效采集。这些数据来自多个官方公开数据平台，经过整合和处理形成了完备的基础数据集。在数据获取的基础上，采用 ArcGIS 平台进行 GIS 空间分析，对这些数据进行深度挖掘和全面分析，成为城市形态的研究提供强大的工具。

1.5.4　层次分析法

层次分析法是一种将定性与定量分析相结合，具有系统化、层次化特性的分析方法。它在处理复杂的决策问题时具有实际效用，尤其适用于那些决策结果难以直接准确量化的情境。对于城市绿地系统的评价模型，可以利用层次分析法进行构建。

首先，需要建立一个层次结构模型。此模型将城市绿地系统的评价问题分解为不同的组成要素，并根据各要素间的相互关联影响和隶属关系，将其按不同层次组合起来，形成一个多层次的分析结构。目标层代表了整个系统的期望结果，即对城市绿地系统的综合评价。准则层则是达到这一目标的各种途径或主要构成部分。而指标层则是能够真实反映准则层特性的各种子准则。

接下来，需要构造一个两两比较的判断矩阵。这一步骤基于之前建立的层次结构模型，对每一层次的要素进行两两比较，以此建立判断矩阵。判断矩阵中的元素 a_{ij} 代表第 i 个要素与第 j 个要素之间的重要程度之比。通常采用 1~9 的标度法来确定 a_{ij} 的具体值。

随后，计算各要素的权重向量。这一步骤通过求解判断矩阵的特征值和特征向量来实现，从而得到各层要素的权重向量。这些特征值和特征向量可以通过数学软件（如 MATLAB、Excel 等）进行计算。

在进行权重计算的同时，还需要进行一致性检验。这是为了确保判断矩阵具有一致性。一致性检验的步骤包括计算一致性指标 CI、查找平均随机一致性指标 RI，以及计算一致性比率 CR。如果 CR 小于 0.1，则认为判断矩阵的一致性可以接受；否则，需要对判断矩阵进行调整。

最后，进行综合评价。根据权重向量和各要素的属性值，计算出城市绿地系统的综合评价值。具体方法是将每个指标的权重向量与其对应的属性值相乘，然后将得到的结果相加，得出最终的综合评价值。

城市绿地系统优化研究是一项涉及多个方面的复杂工程。在构建城市绿地系统的评价体系时，必须对各种影响因素进行全面分析，并根据不同指标条件的特性采用有针对性的分析手法。这种综合研究的方法不仅能够全面了解城市绿地系统的现状，而且能够为未来规划提供科学依据。

在城市绿地系统的空间结构、生态功能等方面，主要采用定量指标进行数据分析和评价。这涉及对各项指标具体数值的统计分析，以揭示城市绿地在空间布局和生态服务方面的性能。这样的定量分析能够提供客观而具体的数据支持，为城市规划提供科学依据。

而在构建城市绿地系统评价体系模型、分析城市功能使用性及城市容貌等主观性评价时，则采用调查问卷、专家打分等定性方法。这种方法通过直接获取居民和专家的主观看法，有助于更全面地理解绿地在城市生活中的感知和体验。通过专家评价和社区居民的反馈，我们能够更好地了解城市绿地的实际质量和对居民的影响。通过综合运用定性和定量分析方法，能够建立较为全面、准确的城市绿地系统评价体系。

1.6 研究创新点

1.6.1 研究角度创新

城市绿地系统评价与城市更新的融合是本书研究的创新点之一。随着经济的发展，人民对城市的人居环境提出了更高的要求，城市绿地系统评价可以评估城市绿地在提供社会、经济和生态服务方面的效益，通过科学的城市绿地系统评价为城市更新提供依据，以指导城市绿地的空间布局和功能配置，为人民提供更好的城市人居环境，提高居民的生活品质和生活幸福感。

城市绿地系统评价与城市更新的融合是十分重要的。城市绿地系统评价可以全面、系统地评估城市绿地的质量和效益，为城市更新提供科学依据。在城市更新过程中，城市绿地的空间布局和功能配置是至关重要的，科学的城市绿地系统评价可以为城市更新提供指导，以确保城市绿地的空间布局和功能配置符合城市更新的需要，同时能够满足居民对城市绿地的需求。

1.6.2 评价体系创新

建立一套客观、科学的城市绿地系统评价指标体系，采用合理的运算方式和推导过程，确保评价结果能够真实反映城市绿地系统的现状。笔者分析城市绿地与各类城市公共资源之间的空间匹配关系时，采用了多软件协同的分析方法，并对住区内人口聚集状态的类别进行了真实细致的划分。

首先，使用 Stata 软件对城市公共资源的数据进行清洗，以确保数据的准确性和完整性。然后，使用 ArcGIS 网络分析工具来分析城市绿地与城市公共资源之间的空间匹配关系，通过计算两者之间的距离和连接情况，从而确定它们之间的联系。使用 ArcGIS 和密度分析工具来分析住区内人口的聚集状态，以更真实细致地划分人口聚集状态的类别，为后续分析提供更为精准的数据基础。使用 Spss 软件对数据进行相关性分析，以了解城市绿地系统与城市碳排放、城市建筑降温增湿以及城市使用者对城市绿地系统的使用性满意度之间的相关性。最后，使用 ArcGIS 栅格计算工具来精确求解城市绿地系统对城市碳排放、城市建筑降温增湿以及城市使用者对城市绿地系统的使用性满意度等多个问题，从而为城市规划者提供科学依据，以指导城市绿地的空间布局和功能配置。

1.6.3 个性化优化策略

在制定优化策略时，首先根据城市绿地系统评价模型中分数较低的指标进行针对性的优化策略制定。通过对城市绿地系统评价模型的分析，可以发现其中存在一些分数较低的指标，这些指标往往是城市绿地系统效益的短板。因此根据这些指标制定针对性的优化策略，以提高城市绿地系统的效益。其次，结合国内外优秀城市绿地系统规划模式案例进行分析，提取其优缺点和应用范围。可以通过对这些案例的分析，提取其优缺点和应用范围。最后，综合提出适宜我国现阶段城市绿地系统的优化策略，以促进城市绿地系统的合理规划。在制定优化策略时需要考虑我国城市绿地系统的现状和发展趋势，结合前两个步骤的分析结果，综合提出适宜我国现阶段城市绿地系统的优化策略，以促进城市绿地系统的合理规划，更好地满足社会需求。

1.7 本章小结

本章开篇探讨了构建城市绿地评价体系及其应用研究的宏观背景，强调城市绿地系统规划在推动城市持续发展进程中的战略性地位。城市绿地被视作实现城市可持续发展的重要支柱，更是优化城市生态环境、响应民众生态诉求的有效渠道。随着全球化和城市化步伐的加快，城市绿地系统的研究与实践已逐渐上升为城市治理的核心议题之一。

在现行政策导向下，生态文明建设与城市更新两大战略为城市绿地系统的研究注入了强劲动力。生态文明建设着重于人与自然之间的和谐共生，这要求城市绿地规划必须更加凸显生态优先、绿色发展的核心理念，加大生态修复与环境治理的力度，从而提高城市绿化覆盖率及绿地生态效能。同时，城市更新进程为绿地系统规划带来了新的契机与挑战，要求在平衡经济、社会及环境三大维度需求时，充分发挥城市绿地系统规划的综合平衡作用。

尽管当前生态文明建设与城市更新政策为城市绿地系统的发展提供了有力支撑，但在我国快速城镇化背景下，绿地系统仍面临诸多挑战与问题。这凸显了构建城市绿地系统评价体系的重要性和紧迫性，旨在通过科学系统的评价框架，推动城市绿地规划更加合理与高效。为此，本书明确了研究方向，旨在建立一套全面、科学的城市绿地系统评价体系，以指导城市绿地的优化布局与持续发展。

在方法论层面，本书提出了严谨的研究技术路线，综合运用文献综述、实地调研以及地理信息系统（GIS）空间分析等方法。通过这些方法的综合应用，旨在更精准地反映城市绿地的实际建设状况，进而对城市绿地的评价体系进行深入且全面的剖析。

第 2 章

相关概念及研究综述

为了更好地进行城市绿地的规划与管理，需要对相关概念进行清晰界定，并进行相关的研究综述。因此，本章将聚焦于城市绿地、城市绿地系统以及城市绿地分类标准等核心概念，系统梳理国内外相关研究，旨在为城市绿地系统的规划、建设和管理提供坚实的理论支撑和实践指导。

2.1 相关概念

2.1.1 城市绿地

由于各国政策和学术研究方向的差异，城市绿地的概念界定存在多样性。城市绿地（Urban Green Space）在我国城市建设用地分类中占据一席之地，而国际上则通常将其纳入开放空间（Open Space）或绿化用地（Green Space）的范畴。开放空间的概念最早可追溯至 1877 年英国伦敦的《大都市开放空间法》（Metropolitan Open Space Act）[①]，在随后的修订中，被定义为非建筑性质、具备娱乐功能的空间类型。尽管各国政策和学术研究对其定义和诠释有所不同，但普遍认同的是，开放空间指的是城市区域内未被建筑覆盖的土地，这些土地拥有自然元素，提供景观和娱乐等多重功能，并涵盖公共和私人空间。

在美国，1961 年的《国家住房法》规定，城市区域内未开发或基本未开发的土地均可视为开放空间[②]。而在日本，学者高原荣重将开放空间划分为公共绿地和私有绿地两大部分[③]。尽管定义各异，开放空间作为城市空间的重要组成部分，其功能和价值得到了广泛的认同和重视。

在我国，《城市绿地分类标准》CJJ/T 85—2017 绿地包括城市建设用地内的绿地与广场用地和城市建设用地外的区域绿地两部分。而在《风景园林基本术语标准》CJJ/T 91—2017 中，城市绿地则被定义为"城市中以植被为主要形态且具有一定功能和用途的一类用地"。

尽管国内外对城市绿地的概念界定有所不同，但二者均具备一些共同特性。首先，它们都将城市绿地视为城市用地的重要组成部分；其次，这些绿地都具有自然元素，以植

---

① 张虹鸥，岑倩华. 国外城市开放空间的研究进展 [J]. 城市规划学刊，2007（5）：78–84.
② 余琪. 现代城市开放空间系统的建构 [J]. 城市规划汇刊，1998（6）：49–56+65.
③ 张晓佳. 城市规划区绿地系统规划研究 [D]. 北京：北京林业大学，2006.

被为主要存在形态；最后，它们均具备景观游憩、改善生态、保护环境等功能。这些共性体现了城市绿地在促进城市可持续发展和提升居民生活质量方面的重要作用。

2.1.2 城市绿地系统

城市绿地系统概念也有广义和狭义之分。广义上，城市绿地系统是指城市内外所有绿地共同构成的整体，其核心在于强调系统的整体性和连通性，而非仅仅关注绿地的具体功能或用途 ①。在城市绿地系统规划方面，2002 年发布的《城市绿地系统规划编制纲要（试行）》从两种空间尺度对城市绿地系统规划进行了阐述：一是城市各类园林绿地的规划建设，二是市域大环境绿化空间的规划布局。相对而言，狭义的城市绿地系统概念则更注重绿地的功能和用途，主要聚焦于市域范围和城市建成区内的绿地系统。在《城市绿地规划标准》GB/T 51346—2019 中，市域绿地系统被定义为："市域内通过绿带、绿廊、绿网整合串联构成的具有生态保育、风景游憩和安全防护等功能的有机网络体系"；城区绿地系统被定义为："由城区各类绿地构成，并与区域绿地相联系，具有优化城市空间格局，发挥绿地生态、游憩、景观、防护等多重功能的绿地网络系统"。

针对这两种不同尺度的城市绿地系统概念，城市绿地系统的功能也会根据尺度的不同而侧重不同。在广义尺度上，城市绿地系统主要承担保护自然生境、维护生物多样性、补救和改善生态受损区域、塑造城市大环境以及维护区域范围内的生态平衡等功能。而在城市范围内的空间尺度上，城市绿地系统则扮演着优化城市内部用地结构布局、协调各类绿地配置，以及控制绿地规划范围、用地性质和绿地指标等关键角色，成为城市空间规划中不可或缺的一部分。

2.1.3 城市绿地分类标准 ②

2017 年 11 月 28 日，住房和城乡建设部正式颁布了新修订的《城市绿地分类标准》CJJ/T 85—2017，该新标准自 2018 年 6 月 1 日起实施。此次修订旨在更好地适应和满足当前风景园林行业的快速发展需求，同时也是基于新时代背景下对城市绿地系统的新认识与新规划。相较于旧版《城市绿地分类标准》CJJ/T 85—2002，新版标准在城市绿地的分类上进行了必要的调整与优化。具体而言，新版标准取消了生产绿地这一类别，增

---

① 周聪惠 . 城市绿地系统规划编制方法 [M]. 南京：东南大学出版社，2014.
② 王洁宁，王浩 . 新版《城市绿地分类标准》探析 [J]. 中国园林，2019，35（4）：92–95.

加了广场用地作为一个全新的大类，并对原有的其他绿地类别名称进行了规范化处理，统一更名为区域绿地。据此，新标准将城市绿地划分为公园绿地、防护绿地、广场用地、附属绿地和区域绿地五大类（表2-1）。

城市建设用地内的绿地分类和代码 表2-1

类别代号	类别名称	范围
G1	公园绿地	向公众开放，以游憩为主要功能，兼具生态、景观、文教和应急避险等功能，有一定游憩和服务设施的绿地
G2	防护绿地	用地独立，具有卫生、隔离、安全、生态防护功能，游人不宜进入的绿地。主要包括卫生隔离防护绿地、道路及铁路防护绿地、高压走廊防护绿地、公用设施防护绿地等
G3	广场用地	以游憩、纪念、集会和避险等功能为主的城市公共活动场地
XG	附属用地	附属于各类城市建设用地（除"绿地与广场用地"）的绿化用地。包括居住用地、公共管理与公共服务设施用地、商业服务业设施用地、工业用地、物流仓储用地、道路与交通设施用地、公用设施用地等用地中的绿地
EG	区域用地	位于城市建设用地之外，具有城乡生态环境及自然资源和文化资源保护、游憩健身、安全防护隔离、物种保护、园林苗木生产等功能的绿地

新版《城市绿地分类标准》对城市绿地的分类进行了优化调整，并修改了绿地率与人均绿地面积的计算方法。这些修改更加贴近现实的需求，进一步凸显了城市绿地在游憩、生态和景观方面的多重功能。特别值得一提的是，新增的广场用地分类，不仅丰富了城市绿地的类型，而且体现了城市绿地作为城市公共空间的重要组成部分，满足了市民社交、休闲和娱乐的需求。在后续的城市绿地数据采集和指标计算中，也将遵循这一新的分类标准，以确保数据的准确性和科学性。

2.1.4 城市绿地系统评价体系

城市绿地系统的规划与建设是一项复杂且系统的工程，需要在决策阶段进行全面的现状调查与问题分析，以因地制宜地制定应对策略。因此，在规划之前，对城市绿地系统进行综合评价并构建相应的评价体系显得尤为重要。这一评价体系是一个有机整体，由多个指标构成，具有内在的结构性，旨在全面反映评价对象的特性及其相互关联。鉴于城市绿地规划与社会、经济、环境及民生等多元因素的紧密关联，评价体系在规划策略与实施过程中扮演着至关重要的角色。它不仅用于对城市绿地的各个方面进行综合评价，而且通过对城市内部因素的量化评估，为政策制定与规划目标的确定提供科学依据。

评价体系的核心在于技术指标的设定，这些指标作为参量因素，直接描述了城市绿地系统规划内容的特征，并反映了规划方案的优缺点。评价指标体系由众多评价指标共同构成，它们各自衡量系统的不同特性，共同构成了对系统的全面描述①。这一体系不仅为评价主体提供了评价对象与评价结果的依据，而且规范了评价活动的操作流程。

具体而言，评价体系涵盖了城市绿地系统规划的指标体系、相关评价标准、评价方法、评价等级标准，以及如何将评价结果整合运用的策略。其中，评价指标及其构成的指标体系是评价体系的基石，而确定这些指标则是构建整个评价体系的基础和前提。通过这一科学、系统的评价体系，我们可以更加准确地评估城市绿地系统的现状与发展需求，为城市的可持续发展提供有力支撑。

2.1.5　市域、中心城区与市辖区

城市市域作为城市规划研究的核心概念，其定义跨越了政治、行政、社会和地理等多个维度，旨在全面界定和描述城市的范围与边界。在政治和行政层面，城市市域指的是一个行政区划内所包含的所有乡镇、街道和社区的集合体，这一界定通常由政府或相关职能部门制定并实施。而在地理层面，城市市域则涵盖了城市所管辖区域内的地理特征、自然环境和资源分布等要素，这些要素在城市规划研究中占据重要地位。

城市中心城区的界定因国别、地域及城市而异，缺乏统一标准。一般而言，城市中心城区指的是城市内部已形成城市化特征的区域，特征包括人口稠密、交通繁忙、商业兴旺、住宅集中等。从空间结构的视角来看，中心城区的划分主要基于空间连续性和社会经济特征等因素，目的是协调城市发展的多元利益与需求。作为城市空间结构的核心要素和城市公共空间的主要体现，中心城区在存量规划下的城市更新中占据重要地位。

城市市辖区是指城市地理辖区划分的行政单位，通常由多个街道或社区组成，与城市的行政管理和公共服务紧密相关。城市市辖区可以是一个完整的城市，也可以是一个城市中的某一部分。在城市规划中，城市市辖区是衡量城市规模、精细化管理和人本化管理的重要标志。城市市辖区在城市规划与管理中具有重要意义。它是城市规划和管理的重要对象之一。在城市更新中，城市市辖区的规划和管理需要根据城市更新的目标和发展方向进行相应的调整和优化，改善辖区内的基础设施、公共服务设施和生态环境等方面，提高城市市辖区的整体品质和服务水平，促进城市更新的顺利进行。

---

① 陈国平. 城市绿地系统规划评价体系研究 [D]. 长沙：湖南大学，2008.

2.2 城市绿地系统功能研究

2.2.1 城市绿地系统生态功能

城市绿地系统作为城市生态基础设施的核心组成部分，发挥着多重生态功能。首先，从生态功能角度讲，城市绿地系统构成了特定区域内不同类型绿地之间相互关联、相互交错的稳定生态网络。该系统不仅有助于保护城乡环境，而且能有效维护区域环境的生物多样性，为动植物提供栖息地，并构建城市周边的绿色保护带，以维护自然生态系统的连续性和完整性。其次，城市绿地系统在景观结构与格局功能方面扮演着重要角色。通过保持绿地在空间上的连续性和连接城市不同区域，绿地系统为城市生态系统提供了完整的生态基底。绿地的连通性促进了不同植被和生物群落的相互衔接，从而构建了一个更加完整和稳定的生态系统，有效增强了城市的生态多样性。最后，城市绿地系统在生态气候塑造方面发挥着至关重要的作用。绿地景观能够调节城市气候，通过植被的蒸腾作用降低地表温度，缓解城市热岛效应，提高城市的舒适度。此外，绿色植物还具有净化空气、水源、土壤、调节气候、减少蒸发、降低噪声、除尘和杀菌等多重功能，这些功能在保护城市居民生态环境、改善环境质量、防治污染等方面具有不可替代的重要作用。

2.2.2 城市绿地系统经济社会功能

城市绿地系统作为城市生态基础设施的关键组成部分，承载着丰富的经济和社会功能。在经济维度上，城市绿地系统不仅通过直接生产物质和非物质产品来满足人类多样化的需求，而且在间接层面发挥其价值创造功能。除了绿地自身产生的经济效益，其在改善环境、美化城市景观、防灾减灾、促进旅游和房地产行业等方面的贡献亦不可忽视。通过发展城市农业、生态旅游、观光公园和瓜果产业园等模式，绿地系统实现了直接经济效益的增长。同时，其间接经济效益主要体现在通过提升环境质量、创造区域环境效益，为城市塑造优质的投资环境，吸引资本流入，为形成品牌优势提供重要保障。

在社会功能方面，城市绿地系统满足了人们的精神文化需求。通过将自然景观融入城市环境，使城市景观与自然和谐共生，不同类型的园林和绿地充分利用自然地形地貌条件，为人们带来了与大自然的亲近体验。绿地不仅是人们情感生活、道德修养和人际交往的场所，更是植物作为自然元素与人类情感、价值观和世界观的桥梁。这些绿地成为城市居民精神世界的具体体现。此外，城市绿地承载着丰富的城市文化，大型公共绿地的建设是城市文化的展现，也是历史文化的传承。通过强化城市绿地文化保护与建设的结合，保护具有特殊历史文化意义的景观环境和自然景观区，不仅能够设计并强化城市的整体形象，而且能够传承和弘扬城市的文化底蕴。

2.2.3　城市绿地系统景观功能

城市绿地系统在塑造城市风貌、构建城市意向以及营造城市文化氛围方面发挥着不可或缺的景观功能。作为城市形象提升的关键媒介，城市绿地系统不仅为城市提供了丰富的绿化空间，支持各类植物的生长，而且通过精心规划和建设具有深厚历史和文化内涵的绿地空间，如历史景观带、景观文化纪念场所等，成功打造了城市的景观品牌，为城市的可持续发展注入了新的活力。这些绿地空间不仅提升了城市的外部形象，展现了城市的综合竞争力，而且通过营造独特的城市文化氛围，推动了城市文化的交流与展示，塑造了优美的城市文化环境。

在可持续发展方面，城市绿地系统的作用尤为突出。该系统不仅提升了城市的景观品质和文化氛围，更在生态保护、气候调节、水资源保护等方面发挥着关键作用，为城市的生态环境保护和可持续发展作出了巨大贡献。同时，通过优化城市绿地系统，可以进一步提升城市居民的生活质量和幸福感，推动城市社会的和谐与进步，实现经济、社会、文化和生态的协调发展。

2.2.4　城市绿地系统空间结构功能

城市绿地系统的空间结构功能是立足于城市发展战略规划、城市国土空间规划及城市总体规划等上层次规划奠定的基础之上。这一构建过程融入了深入细致的调研和严谨科学的系统方法，紧密结合了城市的性质、发展愿景及基础条件，从而确立了各类城市绿地的发展指标。在全面考量绿地与城市环境相互关联的基础上，实现了各类绿地的合理且均衡布局，形成了一体化的绿地体系，最大化地发挥了绿地在环境、经济和社会三个方面的效益，确保了各类绿地能够实现长期、稳定的发展。

具体而言，城市绿地系统规划涵盖了以下六个核心方面。（1）明确城市绿化建设的发展目标和规划指标。这一步骤依据城市的发展需求、性质、方向、社会经济状况和自然条件进行细致的分析，为后续的绿地规划提供了明确的方向和依据。（2）系统安排城市绿地的整体布局。在上层规划的指导下，有序地规划各类绿地，包括公园、广场、绿化带等，确保它们在城市空间中的合理分布和有效衔接。（3）综合协调各类城市绿地的规划。

这包括确定绿地系统的总体架构和区域布局，以及各类绿地的具体位置、性质和指标，确保它们之间的和谐统一与高效协作。（4）强化城市生物多样性的保护，科学规划造林树种，并加强对古树名木的保护工作。这一措施不仅提升了绿地系统的生态功能，而且丰富了城市的生物多样性，增强了绿化建设的生态保护力度。（5）制定城市绿地分阶段建设和重点项目的具体实施方案。这一步骤明确了建设的具体目标和实施措施，为绿地有序、高效建设提供了坚实的保障。（6）在总体规划中，提出对城市绿地系统的调整、丰富、改造和完善的建议，并编制相应的图纸和文件。这一步骤不仅为绿地系统的持续优化提供了指导，而且为城市规划和管理的决策提供了重要的参考依据。

2.2.5　城市绿地系统防灾避险功能

城市绿地系统作为城市与自然环境之间的桥梁，在城市生态环境中扮演着关键角色，更在防灾减灾、防洪防火、储水保土、战备防空等方面发挥着不可替代的功能，为城市提供了全面的生态安全保障。

防灾避险城市绿地的概念最早源于1932年日本关东大地震后的实践，当地居民在灾后选择绿地作为临时避难场所。如今，在全球自然灾害频发的背景下，众多城市在规划中大量采用公园绿地作为防灾公园，尤其注重其空间布局在抗震、二次防灾和疏散方面的功能，使其成为灾害发生时的避难所、救援中心和指挥中心。

因此，对城市绿地系统防灾避灾用地的建设现状进行评估，对于确保城市安全、指导未来规划和应急场所部署具有至关重要的意义。

2.3　国内外城市绿地系统发展历程研究

2.3.1　国外城市绿地系统发展历程研究

西方城市绿地最早可以追溯到古希腊、古罗马时期，在体育场、城市广场中搭建园地面向公众开放，便有了早期城市绿地的雏形，这些绿地已经具备现代城市绿地的一些功能与特点。现代城市公园是17世纪在英国产生的，从此各种类型的城市绿地建设成为时尚，并得到了普。1856年，由美国风景园林师奥姆斯特德（F.L. Olmsted）设计的纽约中央公园在西方掀起了"城市公园运动"，促进了风景园林和城市规划的发展。19世纪80年代，奥姆斯特德等人设计的波士顿公园系统打破了美国城市方格布局的限制。波士顿公园系统的成功对城市绿地的发展产生了深远的影响。

第二次世界大战之后，一方面战争导致城市破败不堪，另一方面西方盛行凯恩斯主义经济思想，经济快速繁荣，使得欧洲各国开始着重进行城市更新与城市建设。1944年伦敦大学阿伯克隆比（Patrick Abercrombie）教授主持编制《大伦敦规划》；根据大伦敦规划方案，在距伦敦中心半径约为48km的范围内，由内到外划分了四层地域圈，即内圈、近郊圈、绿带圈与外圈，用于分散城市人口。

一方面，城市绿地在城市更新中扮演一个划分边界的作用，用以抑制旧城的无序扩张，同时由于该时期规划理念受到霍华德的"田园城市"理论影响较深，外围城市绿地同时作为农业用地提供给市民，具有生产的属性；另一方面，许多国家开始疏散大城市的人口并创建新的城市，以英国政府1946年颁布的《新城法案》为标志，新城建设被列为国家发展的优先战略项目之一。在新城建设过程中，城市绿地的建设与更新作为当时城市建设的一个重要方面，迎来了继"公园运动"之后的第二次高光时刻[1]。

1946年，吉伯德（F. Gibberd）在英国规划了哈罗新城[2]，保持原有的地形和绿地条件，因地制宜地进行城市规划，将绿地和城市相结合，被称为第一代新城的代表（图2-1）。1935年，《莫斯科城市建设总体规划》提出在市区外建设一条10km宽的城市绿化带[3][4]，并在1960年与1971年的总体规划中再次重点强调城市绿地在城市中的重要性，最终形成"绿楔"形式的城市绿地，构成了一个良好健康的绿色有机系统（图2-2）。

20世纪60年代西方经济大繁荣，凯恩斯主义经济学达到高潮，国家政府宏观干预经济，从而出现一些具有国家福利主义色彩的社区更新。1954年美国修订住宅法案，将城市更新指向清除城市衰败地区[5]，旨在关注社会弱势群体。同时，由于上一阶段的新城建设导致城市郊区化，致使旧城中心的衰败，于是城市中心的复兴计划引起决策者的重视。

此阶段城市绿地在城市更新中发挥重要作用，用以点缀美化城市中心环境，起到激活城市中心活力的作用，具体体现在新建或更新当时已有的广场绿地、街道绿地；如1961年纽约市新建筑条例中便提出在市中心商业区保留空地，在高层建筑地段内保留广场。此时期由于政府主导经济发展，城市绿地的建设与更新往往以政府直接主导，或者进

---

① 吴人韦. 国外城市绿地的发展历程 [J]. 城市规划，1998（6）：39–43.
② 吉伯德. 哈罗新城，英国 [J]. 世界建筑，1983（6）：30–34.
③ 韩林飞，韩媛媛. 俄罗斯专家眼中的莫斯科市2010—2025年城市总体规划 [J]. 国际城市规划，2013，28（5）：78–85.
④ 吴妍，赵志强，周蕴薇. 莫斯科绿地系统规划建设经验研究 [J]. 中国园林，2012，28（5）：54–57.
⑤ 曲凌雁. 美国现代城市更新发展进程 [J]. 现代城市研究，1998（3）：12–14，28–62.

图 2-1　哈罗新城绿地系统
底图来源：吴人韦．国外城市绿地的发展历程 [J]．城市
规划，1998（6）：39-43.

图 2-2　莫斯科绿地系统
底图来源：吴人韦．国外城市绿地的发展历程 [J]．城市
规划，1998（6）：39-43.

行政策补贴的方式进行 [1][2]。

　　20 世纪 80 年代之后，城市更新由"硬件"的物质干预向"软件"的人居生态转变 [3]。出现这一现象的本质原因是 20 世纪 70 年代之后全球范围内的经济下滑，制造业衰落导致对城市旧城的人口冲击，城市旧城持续衰落，政府对经济干预政策的失效，新经济主义再次成为西方经济体制的主导；与之对应的，城市更新政策主导者也由政府转变为市场。在这个时期，政府开始出台政策鼓励私人资本投资娱乐设施、地产项目来促使中产阶级人口回流旧城，并刺激旧城经济发展 [4]。

　　由于城市发展内在推动者的变化，此时期西方风景园林设计各类创新景观设计理念层出不穷，但基于城市更新角度的城市绿地建设较少。70 年代兴起的生态环境保护倡导理念在 80 年代由理论开始向实践转变，80 年代初，城市绿地建设一大特点便是与生态景观理论进行结合，并进行初步的实践。如在英国海德公园建立禁猎区、在摄政公园建立动物栖息区等，这一系列的生态保护措施使得当时伦敦中心区栖息繁衍的动物种类甚至高于郊区。同时期的德国通过工业废弃地的保护改造，将原本荒废衰败的旧工业园区进行更新，通过净化污染河水、生态再生工程等一系列方式，完成一系列棕地修复建设，激活旧工业区。德国鲁尔区北杜伊斯堡风景公园、萨尔布吕肯市港口岛公园等都是此阶段的典型

①　骆天庆，夏良驹．美国社区公园研究前沿及其对中国的借鉴意义——2008—2013 Web of Science 相关研究文献综述 [J]．中国园林，2015，31（12）：35-39.
②　何琪潇，谭少华，申纪泽，等．邻里福祉视角下国外社区公园社会效益的研究进展 [J]．风景园林，2022，29（1）：108-114.
③　JAMES P，TZOULAS K，ADAMS M D，et al. Towards an integrated understanding of green space in the European built environment[J]. Urban Forestry & Urban Greening，2009，8（2）：65-75.
④　丁凡，伍江．城市更新相关概念的演进及在当今的现实意义 [J]．城市规划学刊，2017（6）：87-95.

例子。城市绿地建设由单纯的增加绿地、划定边界等方式与功能转变为生态修复、环境保护，其功能作用的重要性在城市更新中大大增加。

市场导向的旧城开发进程中伴随着众多质疑与批评，市场机制为导向的城市更新由于其本源上的趋利性，促使贫富差距加大，导致以往倡导的邻里关系被破坏，地价的升高导致原本居住在此的市民不得不选择迁居，90年代之后矛盾愈加显现，决策者开始重新审视并重视城市更新的本质，人本主义的城市更新理念开始复兴并成为主导。

此阶段城市绿地的发展受到客体的空间增长减速与主体的人本主义两方面影响。一方面，之前大拆大建形成的城市中心区域空间大致成形，试图再复刻以往的增量建设不明智且不符合时代背景要求，城市绿地建设由此进入存量更新时代；另一方面，由于人本主义盛行，主张以人为本、强调功能服务于人的理念深入人心，于是此时期城市绿地强调公共参与，主张从多角度进行建设更新，着重加强公众的参与。从此，城市绿地更新建设在城市更新的大背景下步入多元化发展，研究尺度也从宗地尺度向社区以及区域尺度转变，研究理念也愈发多元化，社区公园、社区绿地、区域微更新也愈加普遍[①②]。如21世纪初纽约曼哈顿的高线公园，其原址是贯穿中城的铁路货运线，人本主义视角下通过微更新，对其进行绿地系统的重构和景观小品构筑物的建设，最终将其打造成城市中心空中绿廊。高线公园收获经济效益的同时成为城市绿地更新的典范。

2.3.2　国内城市绿地系统发展历程研究

我国城市绿地建设历史悠久，早在夏、商、周三代就有社前植树的活动，"夏后氏以松，殷人以柏，周人以栗"。唐宋时期极为重视都城绿化，在近郊处均设有行乐之地，集中建设于寺庙中，为公共开放。近代公园的建设已有现代城市绿地的部分功能，1868年在上海建设的黄浦公园为我国第一个城市公园；1938年，民国政府决定将城市扩大建设范围，建设公园、城市绿地等作为民众休憩游乐的场所。中国现代城市绿地的建设主要始于1949年以后，不过结合时代背景以及经济发展，现状城市绿地的蓬勃发展期则是改革开放之后。

第一阶段：城市绿地建设的起步与探索（1978—1990年）。改革开放之后，我国在城市营建上进入高速发展的阶段，1984年我国公布的《城市规划条例》中提到"旧城区的改建，应当从城市的实际情况出发，遵循加强维护、合理利用、适当调整、逐步改造的原则"。在城市发展的过程中，对城市园林建设的投资明显增多，城市绿地的建设也步入

① 余思奇，朱喜钢，周洋岑，等．美国"帽子公园"实践及其启示 [J]．规划师，2020，36（20）：78-83.
② 骆天庆，李维敏，凯伦．C.汉娜．美国社区公园的游憩设施和服务建设——以洛杉矶市为例 [J]．中国园林，2015，31（8）：34-39.

新时期。同时期《城市规划》《中国园林》等杂志创刊，为我国城市规划行业的成果发布与学术交流提供了重要的平台。1987年12月，全国城市园林绿化工作会议期间成立了中国建筑学会园林绿化学术委员会，委员会在城市绿地系统规划的实践与研究上起到重要促进作用，这也标志我国城市绿地建设事业开始受到国家部门的重视[①]。

此阶段城市绿地的建设大致分为两方面，一方面是基于城市建设，全国范围内进行大规模的城市绿地建设，具体侧重城市公园、街道绿地的建设；另一方面则是基于城市更新发展。当时许多城市公园还停留在民国时期以及新中国成立初期，这类公园衰败的面貌与城市发展格格不入，因此更新与改建此类公园也成为此阶段城市绿地建设的重点之一。这一阶段北京市改扩建了团结湖、双秀等公园，修建圆明园遗址公园；广州重点改造市内主要公园景点与景区，扩建城市公园、动物园与植物园[②]等。

第二阶段：城市绿地建设的蓬勃发展（1990—2010年）。"八五"时期至"十一五"时期，我国经济飞速发展，在经济取得举世瞩目成就的同时，我国的城市建设也突飞猛进，城市更新发展中引入市场机制，以城中村改造、旧区改造再开发为重心；伴随城市更新的推进，城市绿地的建设以平均每年11.30%的增速发展（图2-3）[③]。

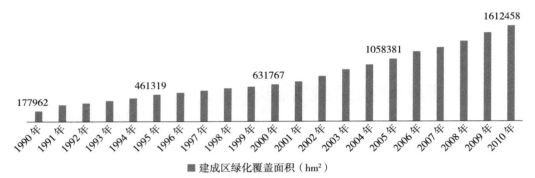

图2-3　我国城市绿地建设情况（1990—2010年）

随着人居环境建设的事业受到决策者的重视，城市建设理念由"山水城市—园林城市—生态城市"逐级加深，各大城市开始积极部署城市绿地系统规划与城市生态保护，城市绿地在城市发展过程中的生态作用愈发重要[④]。此阶段城市绿地在城市更新中作用不只体现在城市外扩中存在的绿地建设，更表现在改善旧城破旧面貌，调节内城的城市生态，城市中心棚户区改造中新增城市绿地改善原有地块肌理，改善棚户区人居环境，激活老城活力。

① 杜安.中华人民共和国成立以来城市绿地树种规划的思想析要、存在问题与发展前瞻[J].中国园林，2021，37（S2）：102–105.
② 杨丽.城市绿地使用状态评价体系构建研究[J].林业调查规划，2021，46（6）：196–200.
③ 戴斯竹，赵兵.基于CiteSpace知识图谱的中国近二十年城市绿地使用者需求研究综述[J].园林，2021，38（7）：82–88.
④ 吴人韦.支持城市生态建设——城市绿地系统规划专题研究[J].城市规划，2000（4）：31–33，64.

第三阶段城市绿地建设的精细化与多元化（2010 年至今）："十二五"时期我国城镇化率突破 50%，2021 年我国常住人口城镇化率达 64.72%。随着城镇率的提高，我国正式进入以城市更新为主的建设阶段，各地城市更新政策的颁布也表明城市更新越来越受到决策者的重视。基于此，城市绿地的建设也步入存量改造阶段，与过往城市绿地的发展不同，此阶段城市绿地的建设更加细化，粗放式的城市绿地建设转变为精细化的绿地打造，游乐公园、历史名园、滨水公园、湿地保护区等类别分明的城市绿地，或新建，或在原有绿地基础上进行更新[①]。通过精心规划、设计和建设，城市绿地不仅提供了生态服务，而且成为城市居民休闲、娱乐和交流的场所。此时期的城市绿地建设在城市更新中的重要性日益凸显，社区微更新、城市"口袋公园"、旧区生态修复等理念也逐渐成为现今城市更新的主流[②]，这些不同类型的绿地满足了不同人群的需求，也为城市带来了更多的生态和景观价值。

城市绿地系统研究深度与广度也随着人们对城市发展的认知转变而变化；将城市各阶段发展特点与城市绿地的发展结合，可以看出城市更新背景下国外城市绿地系统的发展具有以下几个特点：①从城市空间与城市发展来看，城市绿地发展存在增量转存量的过程。早期的城市绿地建设伴随新城建设的主基调，增速与增量并行，而从 20 世纪 90 年代至今，由于城市空间的有限性，城市绿地的建设也转变为现存空间的更新改造。②从政策制定的趋势来看，城市绿地在发展中由功能主义向人本主义转变。早期绿地更新以功能为主导，侧重于附属城市更新进行城市空间的改善与补充，往往体现在指标上的增加而自人本主义复兴至今，城市绿地的建设与更新引入公共参与，重视人与社区的重要性。③从城市绿地系统发展角度上来看，城市绿地的更新改造由目的导向转变为问题导向。目的为导向的城市绿地规划，往往体现在初步解决当下问题，以往的大拆大建缺少对问题内核的思考与规划，这也是重建式的城市更新被诟病的原因之一。随着时代发展，国外城市绿地建设在问题导向思潮下发展愈发成熟，演化为景观都市主义等研究理念，逐步推进城市绿地系统的发展方向（图 2-4）。

我国城市发展与城市绿地系统发展作为社会经济生产力的体现之一，其发展大致上与我国发展进程相符，具有起点晚、发展快、增速高等特征，纵观我国城市绿地系统发展进程，大致可以从两方面进行总结。一方面从历史发展的角度上看，"十二五"时期作为城市发展的重要节点，城镇化的普及预示着我国城市发展从此由量转质，城市绿地发展的落脚点也聚焦于旧城或市中心，如何改善和更新城市面貌，实现可持续生态发展，对城市

---

① 郭茹，张佳乐，王洪成 . 近 40 年（1980—2019 年）中国城市专类公园在风景园林领域研究进展与展望 [J]. 风景园林，2021，28（6）：94–99.

② 刘鸿宇，宋会访 . 基于 CiteSpace 的国内城市更新研究可视化分析 [J]. 武汉工程大学学报，2021，43（1）：71–75.

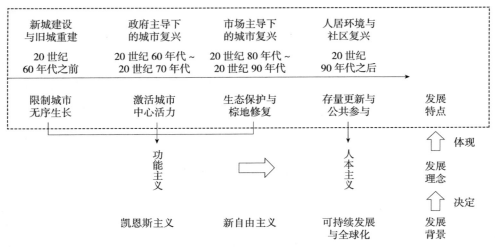

图2-4　国外城市绿地系统的发展历程特点

生活圈进行区域内的微更新等 [1]，成为城市绿地系统发展的重点与热点。另一方面从研究进程的发展上看，城市绿地研究从宏观理念与政策的研究逐渐转向更加细致的中微观研究 [2][3]，聚焦于实，研究深度逐步加深，研究的视角随着时间推移转变，由政策转向区域最终落实局部，形成一套完整的自上而下的体系（图2-5）。

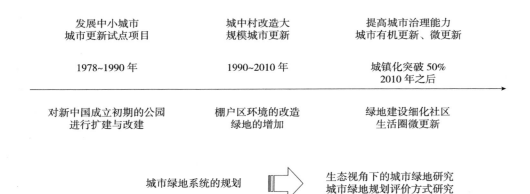

图2-5　国内城市绿地系统的发展历程特点

① 屠正伟，宋会访，肖杨光．城市公共空间活力长期监测系统的构建 [M]// 中国城市规划学会．面向高质量发展的空间治理——2021 中国城市规划年会论文集．北京：中国建筑工业出版社，2021.

② 金云峰，袁轶男，梁引馨，等．人民城市理念下休闲生活圈规划路径——基于城市社会学视角 [J]．园林，2021，38（5）：7-12.

③ 周晓霞，金云峰，邹可人．存量规划背景下基于城市更新的城市公共开放空间营造研究 [J]．住宅科技，2020，40（11）：35-38.

2.4 国内外城市绿地评价相关研究综述

2.4.1 国外城市绿地评价系统研究动态

城市绿地规划与建设的衡量标准经历了多个发展阶段。19世纪下半叶,西方出现了城市美化运动,人们主要通过绿地面积或公园数量来评价城市绿化水平。随着环境保护和社会经济水平的提高,人们开始更加重视绿地质量,把其纳入城市规划中进行综合考虑,评价指标主要围绕绿化覆盖率、单位面积公共绿地占比等方面[1]。20世纪70年代,生态学被引入绿地规划,生态效率成为评价绿地规划和建设成果的主要指标。此后,国际上开展了关于绿地规划与管理的诸多研究活动。在20世纪80年代,城市绿地规划开始向多元化和一体化方向发展,引入了景观生态学、环境科学和信息技术等跨学科研究方法。随着时间的推移,绿地评估的焦点不再只局限于数量指标的考量,逐步转向对资源评估、社会经济、环境恢复以及城市防灾等方面的综合效益指标的研究。进入21世纪,北美和欧洲的科学家通过欧盟绿色空间研究、自然和文化遗产的保护和管理实践,逐步建立了适合城市绿地系统规划的综合评估指标和方法论。这些指标和方法不仅可以量化绿地的生态、社会经济和环境效益,而且可以在规划设计过程中提供科学的决策支持,为城市绿地规划建设提供了更加科学和全面的方法。

2.4.1.1 城市绿地规划数量指标评价

在西方国家,城市绿地的规划与建设一直是改善城市环境质量的重要举措之一。大规模的城市绿地建设被认为是自然环境融入城市环境的主要标志。在评估城市环境质量时,绿地建设的数量是一个重要的考量因素,通常使用城市公园面积、人均公园面积以及公园数量等数量指标来评估城市绿地系。如德国植物生理学家沃尔德认为,城市人均绿地面积应该保持在 $30\sim40m^2/$人;苏联科学家舍勒霍夫斯基提出城市绿地面积应该占据城市用地总面积的50%以上;日本学者基于"绿地吸附工业废气"的实验数据,提出城市居民人均需要的绿地面积为 $140m^2/$人[2][3]。因此,发达国家的人均公共绿地面积通常相对较高,如美国和德国的人均公共绿地面积均达到 $40m^2/$人,法国和英国的人均绿地面积分别为 $30m^2/$人和 $42m^2/$人,而日本的人均绿地面积则为 $20m^2/$人[4]。20世纪末,全球

---

① 李敏.论城市绿地系统规划理论与方法的与时俱进[J].中国园林,2002(5):18–21.
② DEVUYST D. How green is the city? Sustainability assessment and the management of urban environments[M]. New York:Columbia University Press,2001.
③ 张利华,张京昆,黄宝荣.城市绿地生态综合评价研究进展[J].中国人口·资源与环境,2011,21(5):140–147.
④ 王保忠,王彩霞,何平,等.城市绿地系统研究展望[J].湖南林业科技,2004(3):33–35,44.

主要城市都制定了自己的人均公园绿地指标规划（表2-2）[①]。随着各国城市绿地系统的基本框架不断完善，城市绿地指标体系也不断调整，各国城市的绿化指标设置也大多根据城市的实际情况而制定。

世界主要城市人均公园面积统计表　　　　　　　　　　　　　　表 2-2

城市	人均公园面积（m²/人）	城市	人均公园面积（m²/人）
伦敦	30.45	罗马	11.4
日内瓦	15.1	莫斯科	18.0
哥本哈根	19.1	纽约	14.4
堪培拉	70.5	华盛顿	45.7
华沙	22.7	巴黎	8.4

2.4.1.2　城市绿地综合效益指标评价

随着西方国家对人居环境的重视程度不断提高，学者们开始更加注重绿地系统提供的综合效益指标，其中包括了一些重要的社会生态服务，例如文化教育功能、休闲娱乐和健康功能，以及生态环境功能等。塞西尔（Cecil）（2000）指出，城市绿地系统的规划与开发需考虑到城市社会和公众的利益需求，以确保其合理性和可持续性[②]；科尔斯（Coles）等（2000）对英国城市森林景观的社会价值进行了深入研究，探讨了其对社会和文化的影响[③]；玛丽安（Marian）等（2000）对绿地结构和城市可持续发展之间的关系进行了研究[④]；谢勒（Sherer）（2006）对城市绿地系统在促进城市居民身心健康方面的效果进行了研究，结果表明，城市绿地系统可以降低城市生活的压力[⑤]；沙弗（Shafer）等（2000）通过研究发现，在城市中，公园绿地与开放的空间环境可以让城市中的居民远离都市的喧嚣，这不仅可以减轻人们的都市压力，而且可以极大地提高人们的生活品质[⑥]；克里斯蒂安娜（Christina）等（2004）研究发现城市中不同社会群体越容易到达绿地，其社会融合潜力越高[⑦]；萨拉·加法里（Sara Ghafari）等（2021）对木

① 张式煜. 上海城市绿地系统规划 [J]. 城市规划汇刊，2002（6）：14-16，13，79.
② CECIL C K. Adapting forestry to urban demands：Role of communication in urban forestry in Europe [J]. Landscape and Urban Planning，2000，52（2/3）：88-100.
③ COLES R W，BUSSEY S C. Urban forest landscapes in the UK：Progressing the social agenda[J]. Landscape and Urban Planning，2000，52（2/3）：180-190.
④ MARIAN B J，BENGT P，SUSANNE G. et al. Green structure and sustainability：Developing a tool for local planning [J]. Landscape and Urban Planning，2000，52（2/3）：116-132.
⑤ SHERER P M. Why Ameirca needs more city parks and open space[M]. SanFrancisco：The Trust for Public Land，2006：120-126.
⑥ SHARER C S，LEE B K，TURNER S. A tale of three Greenway trails：user perceptions related to quality of life[J]. Landscape and Urban Planning，2000，49（3/4）：163-178.
⑦ CHRISTINA G C，KLAUS S. Are urban green spaces optimally distributed to act as places for social intergation？Results of a geographical information system（GIS）approach for urban forestry research[J]. Forest Policy and Economics，2004，6（1）：3-13.

本植物的污染空气耐受指数进行了评估；维尔玛·拉维（Verma Ravi）等（2020）通过加权计算对城市绿地与地表温度关系进行了研究；林奇·艾米（Lynch Amy）（2020）利用地理信息系统分析和空间统计方法来研究美国郊区的开放绿地，发现开敞空间的丰富和适度集聚有益于板块连续性和功能连通性；哈迪·苏丹法德（Hadi Soltanifard）等（2020）对伊朗马什哈德城区城市绿地空间格局与社会经济指数关系的影响因素进行了评价与排序。

2.4.2　国内城市绿地评价系统研究动态

国内基于城市更新的城市绿地研究起步较晚，虽近年发展较快，但与国外研究发现相比，仍存在研究系统不完善、研究方向集中等问题；故为梳理国内基于城市更新的城市绿地建设的研究发展脉络，厘清研究方向的变化以及当下研究热点与方向，以期理解和把握各时期城市更新以及城市绿地发展本质内核。本书研究以中国知网（CNKI）总库1978 年—2022 年收录的论文文献为数据来源，由于同时符合城市更新与城市绿地主题的文献较少，故运用"高级搜索"的功能 ①②，关键词分别输入"城市绿地系统""城市更新""评价指标"等符合城市绿地系统发展的主题关键词进行检索，检索结果进行二次筛选 ③④，最终得到样本数 1319 个，将所得样本运用 VOSviewer（文件可视化分析）平台进行聚类分析 ⑤⑥（图 2-6）。由聚类分析可知，对于城市绿地发展的研究方向可大致分为以下几类。

2.4.2.1　城市绿地系统规划政策评价

随着城市建设的发展，各级城市对于城市绿地的需求逐步增大，曾经作为城市规划中专项规划的城市绿地系统规划逐渐变成相对独立的城市绿地系统总体规划 ⑦，旨在为城市绿地建设提出建设方向、纲领与目标。我国现有城市绿地系统评价主要国家标准有：《城市绿化规划建设指标的规定》（1994）、《国家环境保护模范城市考核指标》（2011）、

---

① 孙丛毅，宋会访．评价体系在城市更新研究中的图谱量化分析 [M]// 中国城市规划学会．面向高质量发展的空间治理——2021 中国城市规划年会论文集．北京：中国建筑工业出版社，2021：1589-1605.
② 余敏．使用后评价在我国城市绿地中的研究应用综述 [J]．绿色建筑，2022，14（6）：30-32.
③ 魏嘉馨，干晓宇，黄莹，等．成都市城市绿地景观与生态系统服务的关系 [J]．西北林学院学报，2022，37（6）：232-241.
④ 王欣歆，刘宇翔，张清海，等．绿色空间健康效益经济价值评价研究进展——基于 CiteSpace 和 VOSviewer 的文献可视化分析 [J]．城市建筑，2022，19（14）：100-105.
⑤ 左翔，许博文，刘晖．基于蓝绿协同度评价的绿地格局优化研究 [J]．园林，2022，39（5）：30-36.
⑥ 代志宏，刘涛涛，吴海宽．基于 GIS 网络分析的公园绿地布局优化研究——以包头市建成区为例 [J]．城市建筑空间，2022，29（3）：82-85.
⑦ 刘滨谊，姜允芳．论中国城市绿地系统规划的误区与对策 [J]．城市规划，2002（2）：76-80.

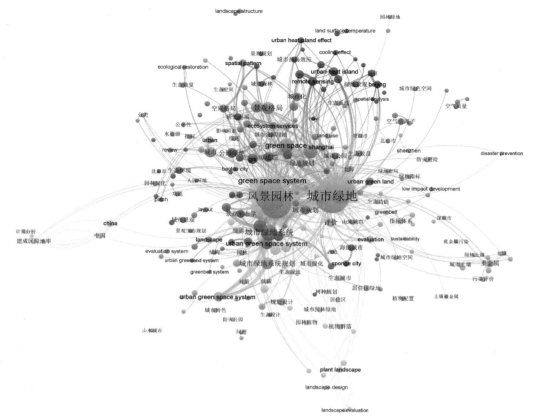

图2-6 我国城市绿地研究文献聚类

《国家卫生城市标准》（2014）、《国家森林城市评价指标》（2019）、《城市绿地规划标准》（2019）、《国家园林城市评选标准》（2022）等，基于各类标准，不同学者对于城市绿地系统规划政策评价侧重方向也有所不同，如韩旭（2008）等提出我国地区差异导致的城市绿地系统规划政策的差异规律性总结[1][2]；徐宁（2021）等基于城市绿地系统规划政策对城市绿地的空间演变进行分析[3]-[5]；王保忠（2004）等对当下城市绿地规划政策剖析以及对内在原因的挖掘等[6]-[8]。总的来说，这一部分的研究倾向于以规划体系为基准进行

① 韩旭，唐永琼，陈烈．我国城市绿地建设水平的区域差异研究 [J]．规划师，2008（7）：96-101.
② 郑祖良．试论城市公园规划建设的几个问题 [J]．广东园林，1981（1）：33-38.
③ 徐宁．多学科视角下的城市公共空间研究综述 [J]．风景园林，2021，28（4）：52-57.
④ 杜宁睿，杜志强．城市绿地演变的空间分析 [J]．武汉大学学报（工学版），2004（6）：121-124.
⑤ 宋菊芳，李星仪，张军．中国城市绿地系统 2009—2018 年研究综述与展望 [J]．华中建筑，2020，38（3）：123-126.
⑥ 王保忠，王彩霞，何平，等．城市绿地研究综述 [J]．城市规划汇刊，2004（2）：62-68，96.
⑦ 周建东，黄永高，熊作明．当前我国城市绿地规划设计过程中存在的问题与对策 [J]．上海交通大学学报（农业科学版），2007（3）：317-322.
⑧ 朱镱妮，程昊，孟祥彬，等．国土空间规划体系下城市绿地系统专项规划转型策略 [J]．规划师，2020，36（22）：32-39.

内核分析[①-③]，侧重于宏观层面上理论的构建与辨析[④⑤]，对实际城市规划的政策颁布有着建议性与指导性[⑥⑦]。

2.4.2.2　城市绿地系统生态指标评价

城市绿地的生态功能越来越受到重视，由于其研究范围较广，涵盖生态学、风景园林学、城市规划学等多学科，致使研究深度难以聚集，系统性不够完善，目前正处于广度深度并存的发展时期[⑧]。这一方向的研究主要有：基于景观生态学的视角对城市绿地进行空间格局评价[⑨]；对于城市绿地系统从环境净化、雨洪管理等角度进行评价[⑩-⑬]，探索城市绿地系统在城市生态系统中的作用[⑭-⑰]；基于各类定量技术对城市生态环境的模拟与抗风险能力的评价[⑱-㉑]等。此方向的研究，是根据绿地本身带有的生态环境属性，结合多学科融合的思维进行的中微观研究，对于城市绿地发展中具体项目的实施有建设性价值[㉒㉓]。

① 邹锦，颜文涛. 存量背景下公园城市实践路径探索——公园化转型与网络化建构 [J]. 规划师，2020，36（15）：25-31.
② 汤大为，韩若楠，张云路. 面向国土空间规划的城市绿地系统规划评价优化研究 [J]. 城市发展研究，2020，27（7）：55-60.
③ 张云路，关海莉，李雄. 从园林城市到生态园林城市的城市绿地系统规划响应 [J]. 中国园林，2017，33（2）：71-77.
④ 潘仪，刘泉. 开放空间视角下城市绿地概念的现代演变 [J]. 城市规划，2020，44（4）：83-89.
⑤ 郑宇，李玲玲，陈玉洁，等. 公园城市视角下伦敦城市绿地建设实践 [J]. 国际城市规划，2021，36（6）：136-140.
⑥ 张瑞，张青萍，唐健，等. 我国城市绿地生态网络研究现状及发展趋势——基于 CiteSpace 知识图谱的量化分析 [J]. 现代城市研究，2019（10）：2-11.
⑦ 杨文越，李昕，叶昌东. 城市绿地系统规划评价指标体系构建研究 [J]. 规划师，2019，35（9）：71-76.
⑧ 朱海雄，朱镱妮，程昊. 城市总体规划阶段绿地系统完全控制策略 [J]. 规划师，2018，34（8）：36-42.
⑨ 赵红霞，汤庚国. 城市绿地空间格局与其功能研究进展 [J]. 山东农业大学学报（自然科学版），2007（1）：155-158.
⑩ 张云路，李雄，邵明，等. 基于城市绿地系统优化的绿地雨洪管理规划研究——以通辽市为例 [J]. 城市发展研究，2018，25（1）：97-102.
⑪ 张绪良，徐宗军，张朝晖，等. 青岛市城市绿地生态系统的环境净化服务价值 [J]. 生态学报，2011，31（9）：2576-2584.
⑫ 胡勇，赵媛. 南京城市绿地景观格局之初步分析 [J]. 中国园林，2004（11）：37-39.
⑬ 蔺银鼎. 城市绿地生态效应研究 [J]. 中国园林，2003（11）：37-39.
⑭ 吴勇，苏智先. 中国城市绿地现状及其生态经济价值评价 [J]. 四川师范学院学报（自然科学版），2002（2）：184-188.
⑮ 陈康富，张一蕾，吴隽宇. 基于生态系统服务量化的城市绿地布局公平性研究——以广州市越秀区为例 [J]. 生态科学，2023，42（3）：202-212.
⑯ 张凤，张雷. 城市"绿地系统–居民健康–经济发展"复合系统的耦合协调特征研究 [J]. 住宅与房地产，2023（13）：105-109.
⑰ 刘杰，张浪，张青萍. 城市绿地系统进化特征及驱动机制分析——以河南省许昌市为例 [J/OL]. 南京林业大学学报（自然科学版）：1-13.
⑱ 刘昊东，杨俏敏，臧传富. 2000—2020 年广州城市绿地生态系统时空变化及其对地表蒸散的影响 [J]. 热带地理，2023，43（3）：484-494.
⑲ 武巍，周龙，刘钰，等. 应对城市热岛效应的公园系统布局及优化研究——以高密度城市澳门为例 [J]. 复旦学报（自然科学版），2023，62（2）：217-225.
⑳ 金云峰，王淳淳，徐森. 城市更新下公共绿地的社会效益 [J]. 中国城市林业，2023，21（1）：1-7.
㉑ 肖华斌，何心雨，王玥，等. 城市绿地与居民健康福祉相关性研究进展——基于生态系统服务供需匹配视角 [J]. 生态学报，2021，41（12）：5045-5053.
㉒ 党辉，李晶，张渝萌，等. 基于公平性评价的西安市城市绿地生态系统服务空间格局 [J]. 生态学报，2021，41（17）：6970-6980.
㉓ 宫一路，李雪铭. 城市中心区绿地系统生态承载力空间格局研究 [J]. 生态经济，2021，37（3）：223-229.

2.4.2.3 城市绿地系统综合指标评价

城市绿地系统的评价方式会对当前城市绿地规划的政策制定起到决定性的作用[1][2]，而对于规划评价的理论进行研究，有利于科学地指导城市规划开展。这一方向的研究主要侧重于：对城市绿地规划的不同方面进行评价体系的构建[3-6]，试图基于定性定量分析下得出评价模型的最优解[7-9]；基于GIS、RS等平台进行数据处理，对城市绿地的服务绩效、公平分布、可达性等因素进行分析研究[10-12]；通过数据模拟与机器学习，对近期城市绿地建设与规划进行预测等[13][14]。此方向作为现今城市规划、风景园林等学科的研究热点与重点，通过中观指导微观实践，运用科学技术手段得到具体实施方向[15][16]，体现当今城市绿地规划研究的多样性与客观性。

2.5 本章小结

本章旨在深入探讨城市绿地的相关概念、国内外研究综述以及理论研究的基础。首

① 王俊帝，刘志强，邵大伟，等.基于CiteSpace的国外城市绿地研究进展的知识图谱分析[J].中国园林，2018，34（4）：5–11.
② 陈嘉璐.基于RS和GIS的城市绿地系统综合评价与生态绿地系统构建——以西安市为例[D].济南：山东建筑大学，2017.
③ 张凤娥，王新军.上海城市更新中公共绿地的规划研究[J].复旦学报（自然科学版），2009，48（1）：106–110，116.
④ 金云峰，陈丽花，陶楠，等.社区公共绿地研究视角分析及展望[J].住宅科技，2021，41（12）：42–47.
⑤ 李双金，马爽，张淼，等.基于多源新数据的城市绿地多尺度评价：针对中国主要城市的探索[J].风景园林，2018，25（8）：12–17.
⑥ 张悦文，金云峰.基于绿地空间优化的城市用地功能复合模式研究[J].中国园林，2016，32（2）：98–102.
⑦ 马琳，陆玉麒.基于路网结构的城市绿地景观可达性研究——以南京市主城区公园绿地为例[J].中国园林，2011，27（7）：92–96.
⑧ 卢喆，金云峰，王俊祺.中西比较视角下我国城市公共开放空间的规划转型策略[C]//.中国风景园林学会.中国风景园林学会2019年会论文集.北京：中国建筑工业出版社，2019：788–792.
⑨ 臧传富，卢欣晴.城市绿地生态系统蒸散的研究进展[J].华南师范大学学报（自然科学版），2020，52（3）：1–9.
⑩ 哈思杰，方可，徐莎莎.生态文明视角下武汉市绿地系统规划建设探索[J].规划师，2020，36（11）：55–59.
⑪ 覃文柯，王慧.基于SEM的城市绿地适老性评价体系[J].土木工程与管理学报，2020，37（2）：122–128，135.
⑫ 刘洋，杨秋生.基于LCA的城市绿地管养对环境影响的量化方法探讨[J].中国园林，2019，35（10）：124–129.
⑬ 王嘉楠，赵德先，刘慧，等.不同类型参与者对城市绿地树种的评价与选择[J].浙江农林大学学报，2017，34（6）：1120–1127.
⑭ 彭云龙，高炎冰，张洪梅，等.基于GIS的城市绿地系统景观生态评价[J].北方园艺，2016（14）：84–88.
⑮ 李方正，胡楠，李雄，等.海绵城市建设背景下的城市绿地系统规划响应研究[J].城市发展研究，2016，23（7）：39–45.
⑯ 邱冰，张帆，申世广.城市绿地系统对历史城区空间格局保护的作用机理及实证分析——以第一批国家历史文化名城为取样分析对象[J].现代城市研究，2016（6）：126–132.

先，本研究明确界定了城市绿地、城市绿地系统以及城市绿地分类标准等核心概念，并阐述了城市绿地在城市生态系统中的核心地位及其在城市规划中的关键作用。

在回顾国内外研究发展历程时，观察到中西方在城市绿地规划与城市更新、城市绿地系统评价等关键议题上呈现出显著的特点。西方国家在此领域的研究先行一步，关注人本主义。他们坚信城市绿地对于提升居民生活质量和健康具有积极而深远的影响[①]。因而西方国家的城市绿地规划往往致力于构建多样化、包容性的公共绿地空间，旨在满足居民休闲、娱乐、社交等多重需求。在评价城市绿地系统时，他们倾向于强调规划绿地的数量和人均指标，通过构建综合指标体系来确保城市绿地在空间分布上的充足性，体现社会公平。

相比之下，我国在这些方面的研究起步较晚，但进展迅速。我国的研究重点更多地放在社区微更新、评价方式与数据收集上。通过建立科学的评价方法以及完善的数据收集体系，深入了解城市绿地系统的现状并分析存在问题，从而为未来的规划和管理提供指导[②]。

中西方城市绿地系统发展的历程对我国未来的城市绿地发展具有重要的启示意义。借鉴西方国家的经验，我们可以优化城市绿地规划，注重提供多样化的公共绿地空间，以满足居民的需求。同时，我们应结合城市更新的背景，加强城市绿地系统与之结合，以实现城市的高质量发展[③]。

城市绿地系统评价在指导我国未来城市绿地发展方面也起着关键作用。通过总结西方国家的经验教训，我们可以建立更为科学和完善的评价方法和数据收集体系，全面评估城市绿地系统的现状[④][⑤]。基于评价结果，发现其中的不足，提出改进措施，推动城市绿地系统的可持续发展，为居民创造更加美好的城市生活环境。

---

① 张力. 城市绿地避灾功能的改造对策——以杭州钱江新城 CBD 核心区为例 [J]. 浙江大学学报（理学版），2016，43（3）：372–378.

② 赵敬源，马西娜. 城市绿地系统规划中生态评价体系的构建 [J]. 西安建筑科技大学学报（自然科学版），2015，47（3）：392–397.

③ 张云路. 我国相关规划分类标准下的村镇绿地系统规划空间探索 [J]. 中国园林，2014，30（9）：88–91.

④ 刘滨谊，吴敏. 基于空间效能的城市绿地生态网络空间系统及其评价指标 [J]. 中国园林，2014，30（8）：46–50.

⑤ 黄磊昌，宋悦，邹美智，等. 基于资源与环境关系的城市绿地系统规划评价指标体系 [J]. 规划师，2014，30（4）：119–124.

第 3 章

相关理论研究基础

在城市更新过程中，对城市绿地系统进行评价和应用实践研究需要建立在一定的相关理论研究基础上。这些理论研究包括景观生态学理论、国土空间规划理论、可持续发展理论、人本主义理论等。这些理论为城市绿地系统评价模型的构建提供了重要的理论基础，有助于更好地理解和评估城市绿地系统的价值和作用。

3.1　景观生态学理论

景观生态学，作为一门研究景观空间格局、生态过程与人类活动交互关系的综合性学科，其理论基础主要根植于地理学和生态学。通过运用生态系统的基本原理和系统性的分析方法，该学科深入剖析了城市绿地系统在城市景观结构中的功能定位及其所扮演的重要角色，进而探讨了城市绿地系统的空间配置、生态过程以及人类活动对其产生的多维影响。

当前的学术共识普遍认为，景观生态学是地理学与生态学两大学科交融的产物。19世纪末，由地理学领域的杰出先驱者亚历山大·冯·洪堡（Alexander Von Humboldt）引入了景观的概念，他将其阐释为"表征地理区域总体特征的现象"。随后，在19世纪末至20世纪初，景观学逐渐发展为一门专注于探索景观形成机制、演变过程及特性的学科。

随着遥感技术、地理信息系统等现代科技的发展与普及化，以及学科间交叉融合趋势的日益凸显，景观生态学正以前所未有的速度被众多行业所采纳和应用，逐渐成为宏观研究领域的核心学科。

本研究采用景观生态学理论作为分析框架，研究聚焦于城市绿地系统的空间布局特征、生态过程的动态变化，以及人类活动对这些过程和特征所产生的复杂影响。通过这一系列分析，旨在构建和优化一套科学的城市绿地系统指标体系。

3.2　生态网络理论

生态网络理论是一种关于生态系统结构和功能的理论，强调了生态系统中各个组成部分之间的相互连接性和依赖关系，它将生态系统视为由许多相互连接的节点和边缘组成的网络。这些节点可以是自然景观元素，如森林、湿地、河流等，也可以是人工绿地，如公园、绿化带等；边缘则表示不同节点之间的连接，如生物迁移通道、水流路径等。

生态网络理论强调生态系统内部和与周围环境的连接性的重要性。良好的连接性有助于维持生物迁移、避免基因孤立和种群衰退，并促进生态系统的适应性和恢复能力。在城市绿地系统中，景观连通性尤为重要。评价城市绿地系统的景观连通性可以考虑绿地之间的空间配置、连接路径的质量以及连接是否能够促进物种迁移和生态过程的流动。

同时，生态网络理论强调社会系统与生态系统之间的相互依存关系。评价城市绿地系统时，需要考虑到社会因素，如居民偏好、健康需求、文化价值等，以及这些因素与生态系统服务的相互影响。这种社会与生态的联动性有助于制定更具包容性和可持续性的城市绿地规划和管理策略。

生态网络不仅提供了生物多样性的栖息地，而且支持了各种生态系统服务的提供，如水资源调节、空气净化、气候调节等。这些生态系统服务对于人类社会的健康、经济和社会福祉都至关重要。评价城市绿地系统的生态服务供给可以考虑绿地的容量、生态系统功能的稳健性，以及绿地对水、土壤和空气质量的影响；同时，需要考虑城市居民对生态服务的需求，并通过评估来确定城市绿地系统的供需匹配程度。

生态网络的建构方法包括多种技术手段，如：GIS 空间叠置法、最小路径法（LCP）、图论分析和形态学空间格局分析法（MSPA）、电路理论（Circuit theory）方法。

3.3　可持续发展理论

可持续发展理论是一种综合性的发展理念，旨在既满足当代人的需求，又不对后代人满足其需要的能力构成危害。该理论强调经济、社会和环境三者之间的协调和平衡，以实现长期的可持续性。在可持续发展理论中，经济发展不仅仅是追求增长，还要考虑资源利用效率、环境保护和社会公正等因素，最终目的是达到共同、协调、公平、高效、多维的发展。

可持续发展涉及经济、生态和社会三个方面的协调统一。该理念要求在经济发展中追求经济效益、注重生态和谐，并致力于社会公平，从而实现人类社会的长期可持续性。尽管可持续发展最初源于环境保护问题，但它已经发展成为一个超越环境保护的综合性发展理论，涵盖了社会经济发展的方方面面。

可持续发展是发展中国家和发达国家共同追求的目标。尽管各国的重点略有不同，但它们都强调在经济和社会发展的同时注重保护自然环境。正是由于这种共识，许多人类学家认为，可持续发展思想的形成反映了人类对自身前途、未来命运，及与其赖以生存的环境之间关系的深刻反思。

可持续发展理论在城市绿地系统评价体系中扮演着关键角色。它强调了经济、社会和环境之间的综合性平衡，指导着规划者和管理者在考量绿地的经济、社会和环境效益时综合权衡利益。同时，可持续发展理论注重长期发展目标与生态保护，促使规划者考虑未来世代的需求，以建设具有长期稳定性的绿地系统。此外，理论还强调了社区参与与合作，鼓励公众参与绿地规划与管理过程，以保障绿地系统能够满足社区的需求和期望。最后，理论倡导资源的高效利用与循环利用，引导对绿地资源的合理管理，以减少资源浪费和环境污染。

3.4 人本主义理论

人本主义理论是一种重要的学术思潮，强调人的主体性、创造性和自我实现。在 20 世纪 50 年代的美国，人本主义理论在当时社会背景下迅速兴起。二战后，社会对更高精神需求的追求日益增加，同时社会矛盾和异化现象也日益显现，引发了价值观危机。在西方心理学中，人本主义被视为继续发展的"第三势力"，通过独特的探究对象和方法，对西方心理学的研究取向产生了深远影响。

人本主义的主要代表人物包括马斯洛和罗杰斯。马斯洛提出了人类的基本需要层次理论，将人的各种需要按照追求目标和满足对象的不同划分为不同层次，强调了自我实现的重要性（图 3-1）。罗杰斯在心理治疗实践和心理学理论研究中倡导以患者为中心的心理治疗方法，强调了人类天生的自我实现动机。

本研究以人本主义理论为基础，关注城市绿地的使用需求、人的行为心理和环境感知等方面，探讨如何创造宜居、舒适、安全和美丽的城市绿地环境，主要从以下人本主义的角度去综合考量。

一是服务对象的视角。在城市绿地评价体系构建中，评价指标和方法应当从居民的角度出发，考虑到他们的需求、偏好和生活方式。因此，评价体系应当能够全面反映绿地对人民群众生活的实际影响，包括休闲娱乐、健康锻炼、社交互动等方面。

二是建设主体和检验主体的视角。在城市绿地评价体系的构建和应用中，建设主体（包括城市规划者、设计者和管理者）应当充分考虑到人民群众的意见和反馈，确保绿地系统的设计和管理符合人民群众的实际需求。

图 3-1　马斯洛的需求层次理论

3.5　国土空间规划理论

国土空间规划理论为城市绿地系统的布局和发展提供了宏观指导和空间框架，确保绿地系统的建设符合国家的整体空间发展战略和可持续发展要求。城市绿地系统评价体系则为国土空间规划提供了具体的生态功能评估和优化建议，有助于在规划过程中更好地考虑绿地系统的生态效益和社会效益。

具体而言，国土空间规划理论在资源环境承载力评价和适宜性评价方面，为城市绿地系统提供了基础数据和评估标准。通过识别国土开发的资源环境限制性要素及限制程度，可以为绿地系统的布局和建设提供科学依据。同时，战略目标的确定和"三区三线"的划定也为城市绿地系统的发展提供了方向和目标。在此基础上，城市绿地系统评价体系可以进一步评估绿地系统的作用和效果，为国土空间规划的调整和优化提供反馈和建议。

绿地评价体系研究目标是提高城市生态环境质量、改善人居环境、促进城市可持续发展，与国土空间规划的目标相一致。因此，城市绿地评价体系研究需要在国土空间规划框架内进行分析，根据城市发展的需求和空间布局，合理安排绿地的位置、规模和建设标准。在实施过程中，需要与国土空间规划相配合，并建立信息平台，以全面推进城市绿地系统规划与建设。

3.6 本章小结

　　城市绿地系统评价与应用实践研究需要建立在多个理论基础之上，这些理论为评价模型的构建提供了重要的指导思想和理论基础。本章重点探讨了景观生态学理论、生态网络理论、可持续发展理论、人本主义理论以及国土空间规划理论等城市绿地评价的关键理论基础。

　　景观生态学理论运用生态系统的基本原理和系统性的分析方法，深入剖析了城市绿地系统的空间配置、生态过程以及人类活动对其产生的多维影响。作为一门综合性的学科，融合了地理学和生态学的精髓，为城市绿地评价提供了坚实的理论支撑。

　　生态网络理论则强调绿地系统的连通性和完整性，强调了绿地系统内部各要素之间的相互联系和相互作用，为评价城市绿地系统的生态功能和效应提供了重要的视角。

　　可持续发展理论要求在城市绿地评价中，要考虑当前的绿地状况，兼顾未来的发展趋势和可持续性。这一理论强调了绿地系统的长期效益和可持续性，为城市绿地评价提供了全面的视角。

　　人本主义理论则强调人在城市绿地评价中的核心地位，认为城市绿地的规划、设计和管理应以人的需求和体验为出发点和落脚点。这一理论为城市绿地评价提供了人性化的视角，使评价更加贴近市民的实际需求。

　　国土空间规划理论则为城市绿地评价提供了宏观的框架和指导。该理论强调绿地系统在国土空间布局中的重要作用，为评价城市绿地系统的空间配置和布局提供了重要的参考。

　　以上这些理论为城市绿地评价体系的构建提供了重要的指导思想和理论基础。通过综合运用这些理论，可以更加全面、深入地理解和评估城市绿地系统的价值和作用，这些理论也为城市绿地评价的实践应用提供了坚实的支撑和指导。

第 4 章

城市绿地系统评价
体系研究构建

城市绿地规划中，确立一个全面的城市绿地系统评价框架至关重要，该框架需要综合考虑多个学科领域的要素指标和指标权重，以实现对城市绿地状况各个方面的准确评估。当前，因对我国各大城市的资源状况及技术认知的差异，业界学者在对我国各大城市绿地系统的评价中，大多采用"国家公园城市""国家森林城市"等评价标准中的主要指标对其进行综合评价。同时，目前城市更新理论和技术的探讨，也为城市绿地系统评价在思维模式、技术流程和综合管理等方面带来了新的需求。在新的发展背景下，城市绿地系统的评价工作需要综合考虑城市空间规划、社会服务功能、绿色生态效益等多个方面，采用定性、定量相结合的方法，对评价指标进行科学选择，并对其权重进行论证，构建一套适合于存量城市发展的城市绿地系统现状的评价指标体系。

4.1 城市绿地系统评价体系构建的原则与方法

4.1.1 评价体系构建原则

为了建立科学评价体系，需要从以下几个方面入手。

（1）生态环境评价指标体系的建立。生态环境评价指标体系应包括生态系统功能指标、生态环境质量指标和生态环境承载力指标等方面，以全面反映城市绿地系统的生态环境状况。

（2）城市绿地系统生态环境的评价。城市绿地系统生态环境的评价应综合考虑绿地覆盖率、植被覆盖率、空气质量、水质状况、噪声等因素。

（3）城市绿地系统的空间结构评价。城市绿地系统的空间结构评价应综合考虑绿地分布的均衡性、连通性、多样性、布局合理性等因素。

（4）城市绿地系统的经济社会综合功能评价。城市绿地系统的经济社会综合功能评价应综合考虑绿地的经济效益、社会效益和文化效益等因素。

在建立评价指标体系时，要充分考虑不同类型城市绿地系统的特点和发展阶段，针对不同类型城市绿地系统分别建立相应的评价指标体系。在评价过程中，要采用科学的评价方法和技术手段，如遥感技术、地理信息系统等，以提高评价结果的科学性和准确性。因此，本研究在对城市绿地系统进行评价时，遵循如下原则。

（1）客观性。建立城市绿地系统生态环境评价指标体系和对城市绿色空间生态环境进行评价，需要遵循客观性原则。评价准则的确定、指标的选取、权重的配比等环节，必须具备客观性和准确性，以确保评价结果能够真实反映城市绿地系统的现状。因此，在评价主体与指标之间的制式程序中，应该基于客观指标数据，采用合理的运算方式及推导过程，尽量减少因主观因素给评价结果带来的偏差。

（2）整体性。整体性原则就是总体与局部的关系原则。整个绿地系统拥有每一种单一类型绿地所没有的功能，当各个部分以一种合理的方式组织起来组成一个绿地系统的时候，一个完整的生态系统的功能将会大于每一个部分的功能之和。而如果有一些部分以一种不理想的结构形式存在，也会对绿地系统的功能产生影响，甚至是破坏。

（3）多维性。建立一个绿地系统评价体系时，既要保持过去那些方便的定量指标，又要加入一些直观指标，使之能反映出使用者的实际使用感受；既要用定量的指标来反映城市绿地系统的发展程度，又要兼顾对城市绿地系统发展潜力的把握。评价指标需要将定量和定性两个方面结合起来，进行涵盖生态、空间、经济社会综合功能的多维评价体系的建设。

（4）易获取性。绿地系统规划的全过程中，对现状的评价具有普遍性和经常性的特点，因此，评价指标的选取需在满足多部门、多专业学科的同时，要做到概念清晰，定义明确，指标所需数据容易获取，易于量化，并且有充足的数据支持。另外，在选择指标时，还应依据有关行业和科研单位的评价标准，以保证评价结果的权威。

（5）可比性。评价结果的横向对比通常涉及一个城市中各行政区或相近规模的城市之间。因此，在建立这个评价体系时，需要尽可能选择与国家标准或规划管理使用习惯相一致的标准化指标。被对比的指标在数据采集、评价方法和标准等方面必须相互关联，关联程度越高，对比结果的可靠性就越高。此外，要实现被比较指标在条件上的对等。特别是在不同的城市之间，需要选择一个合适的比较参数标准，并尽可能将其置于相同的环境中，在相同的条件下进行比较。

4.1.2　评价指标选定方法

本研究在遵循《城市绿地分类标准》和《城市园林绿化评价标准》的基础上，通过收集相关文献资料、进行案例研究和对指标进行深入分析，运用频率分析方法，选出与城市绿地系统评价需求相适应的主要指标和指标，并经过专家咨询，最终筛选出相应的指标，对其进行了全面综合评估。

（1）文献收集与案例研究。基于文献搜集，对当前国内外有关城市绿地系统发展的相关理论进行系统梳理，同时深入研究绿地系统的现状以及规划实际评估案例中采用的主要技术指标。根据城市的特征和规模层次，以及城市绿地资源的现状，构建出一套能够反映当前绿地建设状况的评估标准体系。

（2）指标的频度分析。采用频度分析方法，对规划管理指标、单一学科指标、综合分析指标等相关技术指标进行综合评估，以筛选出具有较高使用率和实用率的指标，以满足建立评价体系的易操作性和可比性原则。

（3）专家评分选定指标。绘制出技术指标评分表及相关说明文件，利用专家咨询会、电子信息邮寄、电话咨询等方式，邀请具有相关学科研究经验的专家，将自身专业判断、实践经验、数据可信度、数据获取难易程度等因素，对指标展开评分。在此基础上，经过对城市绿地指标的深入分析和综合归纳，并进行了多轮深入讨论和广泛征求意见，最终形成了一套相对完备的城市绿地系统评价指标框架。

4.2 城市绿地系统评价体系应解决的主要问题

4.2.1 客观科学地判断评估现有的城市绿地系统

城市绿地系统评价主要目的是对城市绿地系统进行客观、科学的评估和监测，以便更好地指导城市绿地建设和管理，提高城市生态环境质量和居民生活品质。然而，建立城市绿地系统评价体制面临多个问题和挑战。

（1）评估指标体系的建立。评估指标体系的构建涉及城市绿地系统的各个方面，应该包括绿地数量、质量、分类、空间分布、生态功能、景观特色等指标。这些指标应该具有可操作性、可比性和可量化性，以确保评价结果的科学性和可信度。同时，应该根据城市的实际情况和需求，制定不同的评价指标体系，以适应不同城市的特点和需求。

（2）数据采集和管理机制的建立。数据采集和管理是城市绿地系统评价的基础，其准确性和全面性直接影响评估结果的科学性和可信度。因此，需要建立有效的数据采集和管理机制，以实现城市绿地系统数据准确、全面地收集、处理、存储和共享。同时，应该建立完善的数据开放、共享和利用机制，以便不同部门和领域的专业人士可以共享数据，提高数据的利用效率和质量。

（3）评估方法和标准的制定。评估方法和标准应该是科学、可靠、可复制的，能够对城市绿地系统的各个方面进行评估，并且可以进行综合评估和分项评估。评估标准应该是科学、合理、客观的，能够反映城市绿地系统的实际情况，并具有一定适用性，可对不同的城市进行比较和评价。

（4）管理和监督机制。城市绿地系统评价体制的建立不仅需要制定评价指标体系、数据采集和管理机制、评估方法和标准等方面的措施，而且需要建立科学的管理和监督机制，以确保评估结果的有效应用和实施。

综上所述，建立城市绿地系统评价体制是一个综合性的工程，需要充分考虑评价指标体系、数据采集和管理机制、评估方法和标准、管理和监督机制等多个方面。

4.2.2　判断城市更新历程中城市绿地的改造潜力性

城市更新历程中，城市绿地的改造潜力性评估是一个至关重要的问题。城市绿地的改造可以提高城市生态环境的质量和可持续性，促进城市经济和社会的发展。因此，城市绿地评价系统需要考虑城市更新历程中城市绿地的改造潜力性，以便制定合适的城市规划和设计方案，确保城市的可持续发展。城市绿地改造潜力性评估需要考虑以下几个方面。

（1）空间条件。城市绿地改造需要足够的空间才能有效实施。因此，评价系统需要考虑城市更新的空间条件，包括可用土地面积、绿地分布情况、绿地类型和质量等因素。

（2）社会需求。城市绿地改造应该与社会需求相一致。城市绿地评价系统需要考虑城市居民对绿地的需求和偏好，以及城市绿地改造对城市居民的影响。

（3）环境质量。城市绿地的改造可以提高城市生态环境的质量，减少城市空气污染、噪声污染等负面影响。因此，城市绿地评价系统需要评估城市绿地改造对环境质量的影响，包括空气质量、水质量和生态系统健康等方面。

（4）经济效益。城市绿地改造应当创造良好的经济效益。城市绿地的改造需要投入大量资金和人力，因此需要评估城市绿地改造对城市经济的影响。城市绿地评价系统需要评估城市绿地改造的成本和收益，以确定最优的城市绿地改造方案。

与城市建设不同，城市更新着重于存量优化，以期带来城市功能和城市空间的双重更新，基于此角度下的城市绿地更新，应宏观上结合城市规划、城市更新理念，微观上汲取城市绿地系统模拟、评价、生态等各方向上的研究特点、理论思路，形成一套完整的研究理论体系，为当下城市绿地空间规划提供一个新的思考方式。一方面，基于城市更新的可持续发展思考角度，运用科学、客观的数据模拟等方式，优化城市各类用地，增加或者调整城市绿地的用地供给，从量上做到城市绿地的合理更新；另一方面，结合城市绿地功能进行多元化布置，做到区域内复合型功能用地供给增加，从质上优化城市绿地更新的现有形态。此外，还应当注重与社会经济环境、城市人文历史等方面的结合。

4.3　城市绿地系统评价过程技术路线

在建立评价体系和进行评价活动之前，需要确定评价目标对象，选择影响因子及技术指标，并进行量化和权重匹配来构建评价体系。评估结果可用于制定优化策略并指导建设规划，实现"实践—认识—实践"的发展过程（图4-1）。

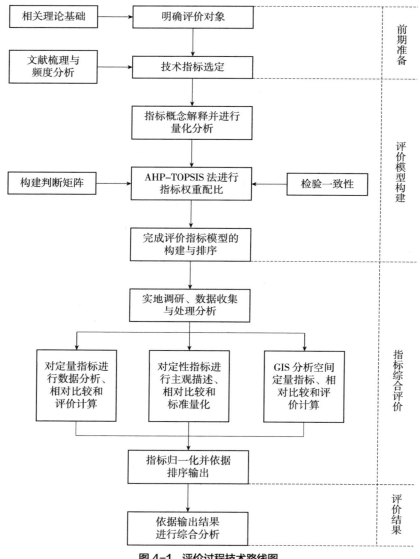

图4-1　评价过程技术路线图

4.4 城市绿地系统评价模型的构建

4.4.1 城市绿地系统指标选定方法

4.4.1.1 文献收集与案例研究

　　首先在数据检索关键词的选取上，本研究争取做到关键词的选取覆盖面完善，为下一步指标的筛选争取更为准确的数据量。本研究在大量查询参考文献的基础上，在中国知网平台上选取以"城市绿地系统评价"作为关键词，选取学位论文文献库，得到共94篇学位论文，其中博士学位论文15篇，硕士学位论文79篇；经过文章内容、关键词最终筛选出75篇学位论文，其中博士学位论文13篇，硕士学位论文62篇。参考其建立城市绿地系统指标所选定的关键词，最终选定以"城市绿地系统评价""绿地评价指标""绿地生态效益""景观格局评价""绿地空间布局""绿地功能评价""绿地评价""城市绿地规划评价"等作为关键词，使用"篇名"与"摘要"作为检索项，检索期刊论文库，共计得到1811篇期刊论文，时间跨度为1983~2023年（图4-2）。根据文献内容、被引次数和影响因子等方面的分析，筛选出236篇与绿地规划评价指标的研究相关度较高的期刊论文。

4.4.1.2 指标的频度分析

　　通过整理该236篇期刊论文中学者们所关注或提出的110个涉及绿地规划的单项评价指标。在此基础上，对这些指标进行了分类，并对其进行了频率分析，剔除了重复或内

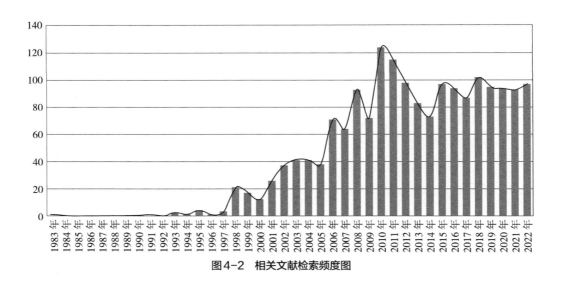

图4-2 相关文献检索频度图

容相似的指标，最终选出了 70 个频率较高、关注度较高的技术评价指标。然后，将指标集的 70 个单项指标进行整理归类，并纳入生态功能、经济社会效益、景观效益、空间规划、防灾避险五个指标群。依据城市市域、城市中心城区、城市市辖区三种不同尺度进行分类，并将指标归类及统计结果计入城市绿地系统评价技术指标遴选专家咨询表（见附表 1）。

4.4.1.3 专家评分选定指标

为构建评价指标体系，需要构建技术指标的专家咨询表，并通过向相关领域的专家、从业者和研究人员发送邮件或直接发放调查问卷等方式，邀请专家对指标信息进行定量评分。最终通过汇总各专家的评分结果，确定评价指标体系的框架。分别对各单项指标设置"评价相关性""同类指标关联度""数据获取难易度""指标分类是否明确"四个核心问题。其次，按照各指标的重要程度对其进行了评分，即：1 表示"相关""一般""明确"；2 为"易获取"和"强相关"；0 表示"负相关""难获取""不明确"；如果超过三分之一的专家认为一个指标是"一般的，负相关的，或者是难以获得的"，那么这个指标就会被排除在指标体系之外。在评估中，得到 70% 以上专家认可的指标，才能纳入评估指标体系。最后，在专家评分结果和专家建议的基础上，确定城市市域、城市中心城区、城市市辖区三种尺度下的城市绿地系统评价指标体系框架。

4.4.2 城市绿地系统评价指标选定结果

4.4.2.1 市域绿地系统评价指标选定

评价指标的选择和设计是评价结果准确性和可靠性的保障。在市域城市绿地系统的评价指标中，指标便于收集与测算是保证评价结果可操作性的基础。例如，绿地面积、绿地覆盖率等指标可以依据规范化的方法和标准进行收集和测算。同时，在评价指标选取时，应更多反映该尺度生态景观与经济功能。评价指标应当充分考虑市域城市绿地系统的生态功能和经济价值，包括自然景观和人工景观、生态系统服务和经济效益等方面。生态功能评价指标可以考虑绿地系统对于生态系统服务和生态系统健康的贡献，如空气质量改善、水资源保护等方面。经济价值评价指标可以考虑绿地系统对于城市经济发展的贡献，如旅游收益、增值收益等方面。同时，评价指标的设计也应当充分考虑该尺度的特点和需求，以确保评价结果的客观性和实用性。

构建城市绿道、城市森林、城市水系等生态廊道和节点，打造城市森林带、城市生态廊道等高品质的生态空间，可以提高城市环境品质和生态系统健康度，促进城市旅游业的发展和文化交流，增强城市的竞争力和吸引力。例如，城市森林带可以提供城市居民休闲娱乐空间，增加城市景观的美感和文化氛围，也可以吸引更多的游客前来观光旅游。城市生态廊道可以促进城市区域之间的生态连通和资源共享，缓解生态破坏和资源紧缺问题，同时为城市居民提供更多的休闲和健身场所，增加城市的文化魅力和吸引力。

市域城市绿地系统评价指标详见表 4-1。

市域城市绿地系统评价指标体系框架 表 4-1

目标层（A）	准则层（B）	指标层（C）
市域 城市绿地 系统评价 指标体系（A1）	生态功能评价 指标（B1）	碳氧平衡指数（C1）
		空气质量指数（C2）
	社会经济效益 指标（B2）	释氧固碳价值（C3）
		滞尘价值（C4）
	景观效益评价 指标（B3）	斑块破碎化指数（C5）
		森林覆盖率（C6）

4.4.2.2　城市中心城区绿地系统评价指标选定

城市中心城区城市绿地系统评价是保障城市可持续发展和居民生活质量提高的重要手段之一。本研究将从评价指标的收集与测算、全面性与准确性、生态功能、社会经济效益、景观效益、空间结构、防灾避险等方面拟定中心城区城市绿地系统规划评价指标。

评价指标的收集与测算是评价结果准确性和可靠性的基础。例如，绿地面积指标是评价绿地系统的关键指标之一，其收集和测算应当依据规范化的方法和标准。除此之外，绿地的类型、分布、设施、服务等指标也需要进行收集和测算，以便更全面地反映绿地系统的现状和品质。

评价指标选取应全面，较准确地反映中心城区城市绿地现状。评价指标的全面性和准确性是保证评价结果客观性和可靠性的关键。评价指标应当充分考虑绿地系统的功能和服务对象，包括绿地的数量和质量、设施和服务、环境和生态、社会效益和经济效益等方面。

生态功能评价指标针对城市绿地系统的生态效益进行量化分析，重点关注城市绿地系统对于城市环境改变过程中所起到的作用进行评价。评价指标可以包括绿地系统的生态服务、生态功能、生态景观等方面。例如，绿地系统的生态服务指标可以考虑绿地系统在降低城市温度、改善空气质量、保护生物多样性等方面的作用。社会经济效益评价指标则着重于对城市绿地系统所产生的多种直接、间接效益及其绩效进行评价。

景观效益评价指标从景观生态学的角度对城市绿地系统进行了定位，并对其提供的服务水平进行了定量评价。评价指标可以包括绿地系统的景观质量、景观体验、景观多样性等方面。例如，绿地系统的景观质量可以考虑绿地的视觉效果、景观设计的合理性等方面。

空间结构定量指标以《城市园林绿化评价标准》GB/T 50563—2010 和《国家园林城市评选标准》为基础，在保持其易于规划和管理的优点基础上，对城市绿地系统在城市空间布局中起到的作用进行评价。评价指标可以包括绿地系统空间布局、空间连通性、空间分布均衡等方面。例如，绿地系统的空间布局可以考虑绿地的集聚程度、绿地与城市节点的距离等因素。

防灾避险评价指标在评价指标体系中占比较小，主要侧重城市绿地的基础应急功能服务水平的评估。评价指标可以包括绿地系统的防洪、排涝、地质灾害等方面。例如，绿地系统的防洪能力可以考虑绿地的蓄水能力、排水系统的状况等因素。

中心城区城市绿地系统评价指标详见表 4-2。

中心城区城市绿地系统评价指标体系框架 表 4-2

目标层（D）	准则层（E）	指标层（F）
中心城区城市绿地系统评价指标体系（D1）	生态功能评价指标（E1）	碳氧平衡指数（F1）
		降温增湿指数（F2）
		空气质量指数（F3）
	社会经济效益指标（E2）	释氧固碳价值（F4）
		滞尘价值（F5）
		城市园林绿化功能性评价值（F6）
		城市园林绿化景观性评价值（F7）
		城市园林绿化文化性评价值（F8）
		城市容貌评价值（F9）
	景观效益评价指标（E3）	绿地可达性（F10）
		斑块破碎化指数（F11）
		绿地分布均匀度（F12）
	空间结构定量指标（E4）	中心城区绿化覆盖率（F13）
		中心城区绿地率（F14）
		城市人均公园绿地面积（F15）
		万人拥有综合公园指数（F16）
		公园绿地服务半径覆盖率（F17）
		古树名木保护率（F18）
	防灾避险评价指标（E5）	人均防灾避险绿地面积（F19）
		防灾避险绿地服务半径覆盖率（F20）
		防灾避险绿地面积占公园绿地面积比例（F21）
		防灾避险绿地可达性（F22）

4.4.2.3 市辖区绿地系统评价指标选定

城市市辖区绿地相对于中心城区绿地来说尺度更微观，对辖区居民的重要性不言而喻。在现代城市生活中，居民需要足够的绿化空间来提高居住舒适度和生活质量。城市市辖区绿地系统不仅可以为城市居民提供休闲、娱乐、社交等场所，缓解城市生活的压力与疲劳，而且可以改善城市生态环境，提高居民的整体健康水平。城市市辖区绿地系统评价的重要性在于对其管理和运营的影响。城市市辖区绿地系统评价可以为城市绿地规划、建设、运营和管理提供科学依据，帮助城市管理者更好地了解城市绿地的发展和现状，把握城市绿地建设的方向和重点。通过评价，可以发现城市绿地系统存在的不足和问题，及时进行调整和改进，提高城市绿地的利用效率和服务水平，这对于实现城市可持续发展和提高居民生活质量都具有重要的意义。评价结果可以为城市更新提供规划建议和方案选取，帮助城市更新更好地考虑绿地的开发和保护，从而更好地实现城市更新的目标。

随着社会经济的发展，城市规模和居民数量不断增加，城市管理也面临越来越多的挑战。城市市辖区绿地系统规划作为城市规划的重要组成部分，不仅需要考虑城市美观度、经济效益，而且要注重城市生态环境和居民福祉。因此，城市市辖区绿地系统评价不仅需要考虑绿地的数量和质量，还需要注重评价指标的科学性和适应性，以及评价结果的实用性和可操作性。评价指标需要综合考虑绿地的面积、分布、类型、设施、服务等方面，同时还需要考虑城市的地理、气候、文化等特点。此外，评价结果的实用性和可操作性也需要得到重视，评价结果需要能够为城市管理者提供实际的决策支持。

因此城市市辖区绿地系统评价指标应当侧重如下两点：①指标便于收集与测算；②指标选取应更多反映该尺度与使用者的关系。城市市辖区绿地系统评价指标详见表4-3。

城市市辖区绿地系统评价指标体系框架　　　　表4-3

目标层（G）	准则层（H）	指标层（I）
城市市辖区绿地系统评价指标体系（G1）	生态功能评价指标（H1）	碳氧平衡指数（I1）
		降温增湿指数（I2）
	社会经济效益指标（H2）	城市园林绿化功能性评价值（I3）
		城市园林绿化景观性评价值（I4）
		城市园林绿化文化性评价值（I5）
		城市容貌评价值（I6）
	景观效益评价指标（H3）	绿地可达性（I7）
	空间结构定量指标（H4）	绿化覆盖率（I8）
		公园绿地服务半径覆盖率（I9）
		古树名木保护率（I10）
	防灾避险评价指标（H5）	防灾避险绿地服务半径覆盖率（I11）
		防灾避险绿地可达性（I12）

4.4.3　量化标准的确定

确定评价技术指标体系基本框架之后，需要明确各指标的基本概念和量化公式，并参考国家和行业标准、相关研究成果等来综合确定各指标的分级评价标准。最终通过对各项指标的加权评分来量化评价对象，并采用定性评价的方式进行分级描述，此指标代表意义可分别描述城市市域、城市中心城区、城市市辖区三个不同空间尺度的城市绿地系统现状。将评价标准分为五个等级，分别是Ⅰ、Ⅱ、Ⅲ、Ⅳ、Ⅴ，其代表意义详见表4-4。

城市绿地系统指标体系得分等级与意义　　　　　　　　表4-4

评价等级	评分	代表意义
Ⅰ	>7	市域绿地系统现状好/绿地连通性好/森林覆盖率高/城市生态环境好/城市绿地系统规划方案好/规划建设现状好/居民满意/达到国家园林城市（区）标准和国家生态园林城市（区）相关标准
Ⅱ	(5，7]	市域绿地系统现状较好/绿地连通性较好/森林覆盖率较高/城市生态环境较好/城市绿地系统规划方案较好/规划建设现状较好/居民较满意/可以评比国家园林城市（区）和国家生态园林城市（区）/满足省市级园林城市（区）标准和生态园林城市（区）相关标准
Ⅲ	(3，5]	市域绿地系统现状一般/绿地连通性一般/森林覆盖率一般/城市生态环境一般/城市绿地系统规划方案相对满足要求/规划建设现状一般/居民满意度一般/满足省市级园林城市（区）标准和生态园林城市（区）相关标准
Ⅳ	(1，3]	市域绿地系统现状较差/绿地连通性较差/森林覆盖率较低/城市生态环境较差/城市绿地系统规划方案一般/规划建设现状一般/居民满意度一般/可以评比省市级园林城市（区）和国家生态园林城市（区）
Ⅴ	(0，1]	市域绿地系统现状差/绿地连通性差/森林覆盖率低/城市生态环境差/城市绿地系统规划方案需要修改/规划建设现状较差/居民满意度较差/较难达到相关奖项评选工作要求

4.4.4　城市市域城市绿地系统评价指标的解释

4.4.4.1　生态功能评价指标（B1）

（1）碳氧平衡指数（C1）

碳氧平衡是指通过光合作用，使绿色植物所产生的氧气超过其正常呼吸能力，从而释放出多余的氧气到周围环境中。在生态系统中，绿色植物借助光合作用，从大气中吸收二氧化碳，以维持二氧化碳与氧气的相对平衡状态。城市绿地系统由多种植物组成，在维持城市大气中碳氧平衡方面起着重要作用。根据《林业生态工程生态效益评价技术规程》DB11/T 1099—2014[1]和《森林生态系统服务功能评估规范》GB/T 38582—2020[2]，

---

[1] 林业生态工程生态效益评价技术规程 DB11/T 1099—2014 [S].
[2] 森林生态系统服务功能评估规范 GB/T 38582—2020 [S].

计算固碳和释氧能力，得到如下计算公式。

$$G_{植固} = A_{植固} F_{植固} \qquad （公式 4-1）$$

$$G_{释氧} = A_{释氧} F_{释氧} \qquad （公式 4-2）$$

其中，$G_{植固}$、$G_{释氧}$分别是植物固碳量与释放氧气量，单位为 t；$A_{植固}$、$A_{释氧}$是城市绿地面积，单位为 hm^2；$F_{植固}$、$F_{释氧}$为单位面积植被的年固碳量与年释氧量，单位为 t/（$hm^2 \cdot a$），根据管东升等（1998）对广州市城市绿地系统碳氧平衡的有关研究，得到单位面积绿地年平均固碳量为 8.73t/（$hm^2 \cdot a$），释氧量为 23.27t/（$hm^2 \cdot a$）[1]。

依据上述规范以及相关研究，本研究将年度城市绿地系统中吸收的二氧化碳、制造氧气与城市中人口释放的二氧化碳、呼吸的氧气进行数据相除，用以表达城市绿地系统在城市生态作用中的碳氧平衡占比，并以此来进行评价标准的制定；本指标的评价标准分为五个等级，分别是 I、II、III、IV、V，代表不同程度的碳氧平衡评价描述（表 4-5）。

碳氧平衡指数评价标准   表 4-5

评价等级	评价描述	评价值
I	城市绿地系统碳氧平衡优秀	9
II	城市绿地系统碳氧平衡良好	7
III	城市绿地系统碳氧平衡一般	5
IV	城市绿地系统碳氧平衡较差	3
V	城市绿地系统碳氧平衡差	1

（2）空气质量指数（C2）

空气质量指数（Air Quality Index，简称 AQI）根据环境空气质量标准和各种污染物对人体健康和生态环境的影响，将日常监测的几种空气污染物的浓度简化为一个概念指标值。它对空气污染程度和空气质量状况进行分类，适用于表达城市短期空气质量状况和变化趋势。城市绿地系统作为城市中净化空气改善环境的重要组成部分，与空气质量指数息息相关，空气质量指数的评价一定程度上反映了区域内城市绿地系统的建设情况。当 AQI 指数 ≤ 50 时，此时空气质量属于优级；50 < AQI 指数 ≤ 100 时，表示空气质量良好；而空气质量优良率是指全年空气质量优良的天数占全年总天数的比例。

根据相关研究并结合《城市园林绿化评价标准》GB/T 50563—2010 中对城市园林绿化中"年空气污染指数小于或等于 100 的天数"小项的分级标准，制定本指标评价的 I、II、III、IV、V 五级标准（表 4-6）。

---

[1] 管东生，陈玉娟，黄芬芳. 广州城市绿地系统碳的贮存、分布及其在碳氧平衡中的作用 [J]. 中国环境科学，1998（5）：53-57.

评价等级	评价描述	评价值
I	空气质量优良天数 ≥ 300 天	9
II	280 天 ≤ 空气质量优良天数 < 300 天	7
III	260 天 ≤ 空气质量优良天数 < 280 天	5
IV	240 天 ≤ 空气质量优良天数 < 260 天	3
V	空气质量优良天数 < 240 天	1

4.4.4.2　社会经济效益指标（B2）

（1）释氧固碳价值（C3）

碳氧平衡在前文生态功能评价指标已定量研究，本指标重点表达城市绿地释氧固碳的经济价值；依据《森林生态系统服务功能评估规范》得到如下计算释氧固碳经济价值的计算公式：

$$U_{释氧} = G_{释氧} C_{释氧} \qquad （公式 4-3）$$

$$U_{植固} = G_{植固} C_{植固} \qquad （公式 4-4）$$

其中，$U_{释氧}$、$U_{植固}$ 分别是植物释氧价值与固碳价值，单位均为元；$G_{释氧}$、$G_{植固}$ 分别是植物释氧量与植物固碳量，单位均为 t；$C_{释氧}$、$C_{植固}$ 为释氧与固碳的价格，单位为元 /t，目前国际上主要采用工业制氧价格来作为 $C_{释氧}$ 的值，一般为 1506 元 /t，依据冷平生等相关研究可将 $C_{植固}$ 的值采用碳税率价格来取值，国际上通用的是瑞典的碳税率，折合人民币为 1200 元 /t[1]。

依据上述规范以及相关研究，本指标的评价标准分为五级 I 、 II 、 III 、 IV 、 V 共五个等级（表 4-7）。

释氧固碳价值评价标准　　表 4-7

评价等级	评价描述	评价值
I	绿地系统释氧固碳经济价值高	9
II	绿地系统释氧固碳经济价值较高	7
III	绿地系统释氧固碳经济价值一般	5
IV	绿地系统释氧固碳经济价值较差	3
V	绿地系统释氧固碳经济价值差	1

（2）滞尘价值（C4）

绿地中的植被可以起到滞尘减尘的作用。植物叶片的表面特性和自身的湿润性具有

---

① 冷平生，杨晓红，苏芳，等 . 北京城市园林绿地生态效益经济评价初探 [J]. 北京农学院学报，2004（4）：25–28.

很强的滞尘能力。当含尘空气经过树冠时，部分颗粒较大的灰尘会被树叶阻挡而落下。对于城市环境而言，城市绿地系统对粉尘的吸附和过滤作用显著，减少了城市空气中的粉尘，降低了空气中细菌的含量，大大降低了城市粉尘治理的成本。根据《林业生态工程生态效益评价技术规程》DB11/T 1099—2014 和《森林生态系统服务功能评估规范》GB/T 38582—2020，滞尘量与植被滞尘功能值可表示为：

$$G_{滞尘} = Q_{滞尘}A \qquad （公式 4-5）$$

$$U_{滞尘} = K_{滞尘}G_{滞尘} \qquad （公式 4-6）$$

其中，$G_{滞尘}$ 是城市绿地年滞尘量，单位为 t；$Q_{滞尘}$ 是单位面积城市绿地年滞尘量，单位为 t/hm²；A 为城市绿地面积，单位为 hm²；$U_{滞尘}$ 是林分年滞尘价值，单位为元；$K_{滞尘}$ 为降尘清理费用，单位为元/t。据陈自新等（1998）对北京市城市绿化生态效益的有关研究，得到城市绿地年均降尘滞尘量为 10.9t/hm²，治尘的平均单位治理成本为 170 元/t[1][2]。依此制定本指标评价的 Ⅰ、Ⅱ、Ⅲ、Ⅳ、Ⅴ 五级标准（表 4-8）。

滞尘价值评价标准 表 4-8

评价等级	评价描述	评价值
Ⅰ	绿地系统吸尘滞尘能力强，滞尘价值高	9
Ⅱ	绿地系统吸尘滞尘能力较强，滞尘价值较高	7
Ⅲ	绿地系统吸尘滞尘能力一般，滞尘价值一般	5
Ⅳ	绿地系统吸尘滞尘能力较差，滞尘价值较低	3
Ⅴ	绿地系统吸尘滞尘能力差，滞尘价值低	1

4.4.4.3 景观效益评价指标（B3）

（1）斑块破碎化指数（C5）

景观破碎化是栖息地破碎化的反映，也是景观异质性的一种重要表现形式。城市绿地景观的碎片化程度是衡量其对生物多样性保护和贡献的重要指标。此外，绿地景观的碎片化程度还可以影响城市居民的自然体验和休闲活动空间。总体而言，景观碎片化程度越高，景观功能越弱、越独特，对生物多样性保护就越不利。因此，城市绿地景观破碎化指数是评价城市绿地质量的重要指标[3][4]。由于人工廊道和现代景观斑块建设对城市景观空间具有较大影响，本研究采用斑块破碎指数作为绿地破碎化分析的依据，该指数是指斑块数量与斑块面积的比值。此外，还可以计算出不同绿地的数量与其面积的比例[5]，该比值越

① 陈自新，苏雪痕，刘少宗，等. 北京城市园林绿化生态效益的研究（2）[J]. 中国园林，1998（2）：49-52.
② 陈自新，苏雪痕，刘少宗，等. 北京城市园林绿化生态效益的研究（3）[J]. 中国园林，1998（3）：51-54.
③ 高素萍，陈其兵，谢玉常. 成都中心城区绿地系统景观格局现状分析[J]. 中国园林，2005（7）：55-59.
④ 杜松翠，魏开云. 昆明市五华区城市绿地景观空间特征分析研究[J]. 安徽农业科学，2011，39（25）：15550-15553.
⑤ 王云才. 基于景观破碎度分析的传统地域文化景观保护模式——以浙江诸暨市直埠镇为例[J]. 地理研究，2011，30（1）：10-22.

大，景观破碎化程度越高。据此比较不同类型景观的破碎化程度和区域整体景观破碎化水平。设 N_i 为第 i 类斑块总数；A_i 为第 i 类斑块的总面积，则第 i 类景观斑块密度（D_i）为：

$$D_i = \frac{N_i}{A_i}$$

（公式 4-7）

依据相关研究确定评价标准分为 Ⅰ、Ⅱ、Ⅲ、Ⅳ、Ⅴ 五个等级（表 4-9）。

斑块破碎化评价标准　　　　　　　　　　　　　　表 4-9

评价等级	评价描述	评价值
Ⅰ	绿地破碎化程度低	9
Ⅱ	绿地破碎化程度较低	7
Ⅲ	绿地破碎化程度一般	5
Ⅳ	绿地破碎化程度较高	3
Ⅴ	绿地破碎化程度高	1

（2）森林覆盖率（C6）

森林覆盖率是指一定时期内，某一特定地区森林面积占该地区总面积的比例，通常以百分数表示。森林覆盖率的高低可以反映出一个地区的森林资源丰富程度和生态环境状况。依据我国发布的《中华人民共和国森林法实施条例》规定，森林覆盖率的计算方法是将森林面积与该地区总面积之比。

依据相关研究，本指标的评价标准分为 Ⅰ、Ⅱ、Ⅲ、Ⅳ、Ⅴ 共五个等级（表 4-10）。

森林覆盖率评价标准　　　　　　　　　　　　　表 4-10

评价等级	评价描述	评价值
Ⅰ	城市森林覆盖程度高	9
Ⅱ	城市森林覆盖程度教高	7
Ⅲ	城市森林覆盖程度一般	5
Ⅳ	城市森林覆盖程度较低	3
Ⅴ	城市森林覆盖程度低	1

4.4.5　城市中心城区城市绿地系统评价指标的解释

4.4.5.1　生态功能评价评价指标（E1）

其中碳氧平衡指数（F1）与空气质量指数（F3）指标的评价等级、评价描述、评价值见 4.4.4 小节中 C1 和 C2 项相关解释。

降温增湿指数（F2）

城市绿地系统可以通过植物的蒸腾、蒸散等功能降低温度、增加湿度，有效改善城市环境，缓解城市热岛效应。Yuan（2007）等众多研究显示：城市植物覆盖度与城市地表温度呈强负相关关系，植被覆盖度越高，城市地表温度越低[1-5]。Chen（2005）等研究发现叶面积指数（Leaf area index，LAI）、绿地面积和绿地降温效应之间存在有着显著的正相关关系，叶面积指数越大、绿地面积越大，其降温效果越好[6]。Shashua-Bar（2004）等研究认为，树木的几何形状、特征、阴影面积、绿地比例等也对城区绿地的降温效果产生较大的影响[7]。吴菲（2007）等综合各绿地降温和增湿两方面的共同效应，认为城市绿地降温增湿与其面积有强相关，当城市绿地面积大于 3hm^2 时，城市绿地面积和绿化覆盖率越大，降温增湿效益越明显。城市绿地可以明显发挥温湿效益的最小面积为 3hm^2（绿化覆盖率 80% 左右），最佳面积为 5hm^2（绿化覆盖率 80% 左右）[8]。栾庆祖等（2014）对北京市的城市绿地研究表明，城市绿地可以对周边 100m 范围内的环境与建筑物起到有效的降温效应[9]。降温增湿影响范围反映了城市绿地系统的使用效率，本研究依据以往相关研究，在对降温增湿的利用率上采用了将城市绿地系统影响范围内的建筑物面积占中心城区总建筑面积比例来判断城市绿地系统降温增湿影响范围的高低。

综合以上研究，本指标围绕三方面进行评价，分别是城市绿化覆盖率、园林绿化植被类型搭配以及城市绿地影响范围内建筑物占比，并结合其他城市降温增湿的研究，将评价标准分为 Ⅰ、Ⅱ、Ⅲ、Ⅳ、Ⅴ 共五个等级，详见表 4-11。

降温增湿指数评价标准　　　　　　　　　　　　　　　　　　表 4-11

评价等级	评价描述	评价值
Ⅰ	绿地系统降温增湿能力强，植被搭配合理 绿化覆盖率达到 40%，降温增湿影响范围在 40% 以上	9

① YUAN F, BAUER M E. Comparison of impervious surface area and normalized difference vegetation index as indicators of surface urban heat island effects in Landsat imagery[J].Remote Sensing of Environment, 2007, 106（3）: 375-386.
② CARLSON T N, ARTHUR S T. The impact of land use—land cover changes due to urbanization on surface microclimate and hydrology: a satellite perspective[J]. Global and Planetary Change, 2000, 25（1/2）: 49-65.
③ CARLSON T N, RIPLEY D A. On the relation between NDVI, fractional vegetation cover, and leaf area index[J]. Remote Sensing of Environment, 1997, 62（3）: 241-252.
④ JONSSON P. Vegetation as an urban climate control in the subtropical city of Gaborone, Botswana[J]. International Journal of Climatology, 2004, 24（10）: 1307-1322.
⑤ 毛齐正，罗上华，马克明，等.城市绿地生态评价研究进展 [J].生态学报，2012，32（17）: 5589-5600.
⑥ YU C, WONG N H. Thermal benefits of city parks[J]. Energy and Buildings, 2006, 38（2）: 105-120.
⑦ 苏泳娴，黄光庆，陈修治，等.城市绿地的生态环境效应研究进展 [J].生态学报，2011，31（23）: 302-315.
⑧ 吴菲，李树华，刘娇妹.城市绿地面积与温湿效益之间关系的研究 [J].中国园林，2007（6）: 71-74.
⑨ 栾庆祖，叶彩华，刘勇洪，等.城市绿地对周边热环境影响遥感研究——以北京为例 [J].生态环境学报，2014，23（2）: 252-261.

评价等级	评价描述	评价值
Ⅱ	绿地系统降温增湿能力较强，植被搭配较合理 绿化覆盖率达到40%，降温增湿影响范围在30%~40%	7
Ⅲ	绿地系统降温增湿能力一般，植被搭配普通 绿化覆盖率达到40%，降温增湿影响范围在30%~40%	5
Ⅳ	绿地系统降温增湿能力较差，植被搭配较单一 绿化覆盖率在35%~40%，降温增湿影响范围低于30%	3
Ⅴ	绿地系统降温增湿能力差，植被搭配单一 绿化覆盖率低于35%，降温增湿影响范围低于30%	1

4.4.5.2 社会经济效益指标（E2）

其中释氧固碳价值（F4）、滞尘价值（F5）指标的评价等级、评价描述、评价值见4.4.4小节中C3和C4项相关解释。

（1）城市园林绿化功能性评价（F6）

城市园林绿化功能性评价指的是针对城市绿地使用者在使用期间，获得的关于功能性的主观层面反馈。指标共分为使用性（使用者对公园绿地、广场绿地的使用程度）、服务性（公园设施完善度及综合服务水平）、实用性（公园各项设施对全年龄段人群的覆盖程度）、可达性（是否方便使用者到达）、开放性（城市公园广场的开放程度）、安全性（防护、无障碍设施的管理程度）六个方面，根据分项的权重决定最终评分（表4-12）。

城市园林绿化功能性评价值评价表　　　　表4-12

评价内容	评价取分标准					评价分值	权重
	9.0~10.0分	8.0~8.9分	7.0~7.9分	6.0~6.9分	小于6.0分		
使用性	好	较高	一般	较低	差	$E_{功1}$	0.20
服务性	好	较好	一般	较差	差	$E_{功2}$	0.20
实用性	好	较好	一般	较差	差	$E_{功3}$	0.15
可达性	好	较好	一般	较差	差	$E_{功4}$	0.15
开放性	好	较好	一般	较差	差	$E_{功5}$	0.15
安全性	好	较好	一般	较差	差	$E_{功6}$	0.15

资料来源：《城市园林绿化评价标准》GB/T 50563—2010。

依据《城市园林绿化评价标准》，城市园林绿化功能性评价计算公式为：

$$E_{功}=E_{功1}×0.20+E_{功2}×0.20+E_{功3}×0.15$$
$$+E_{功4}×0.15+E_{功5}×0.15+E_{功6}×0.15$$

（公式4-8）

参考《城市园林绿化评价标准》，本指标评价标准分为Ⅰ、Ⅱ、Ⅲ、Ⅳ、Ⅴ共五个等级，详见表4-13。

城市园林绿化功能性评价标准　　　　　　表 4-13

评价等级	评价描述	评价值
I	城市园林绿化功能性好，使用性高	9
II	城市园林绿化功能性较好，使用性较高	7
III	城市园林绿化功能性一般好，使用性一般	5
IV	城市园林绿化功能性较差，使用性较差	3
V	城市园林绿化功能性差，使用性差	1

（2）城市园林绿化景观性评价（F7）

　　城市园林绿化景观性评价反映的是使用者对于城市绿地园林绿化的直观感受评估，体现城市园林绿化的建设水平是否满足时代及人民的需求。指标共分为景观特色（使用者对公园广场绿地景观特色、理念规划、形式设计等方面的喜好）、施工工艺（公园景观小品设施）、养护管理（景观设施、植物绿化的维护程度）、植物材料（植物配置、颜色种类等搭配的合理性）四个方面，根据分项的权重决定最终评分（表 4-14）。

城市园林绿化景观性评价值评价表　　　　　　表 4-14

评价内容	评价取分标准					评价分值	权重
	9.0~10.0 分	8.0~8.9 分	7.0~7.9 分	6.0~6.9 分	小于 6.0 分		
景观特色	好	较好	一般	较差	差	$E_{景1}$	0.25
施工工艺	好	较好	一般	较差	差	$E_{景2}$	0.25
养护管理	好	较好	一般	较差	差	$E_{景3}$	0.25
植物材料	好	较好	一般	较差	差	$E_{景4}$	0.25

资料来源：《城市园林绿化评价标准》GB/T 50563—2010。

　　城市园林绿化景观性评价计算公式为：

$$E_{景} = E_{景1} \times 0.25 + E_{景2} \times 0.25 + E_{景3} \times 0.25 + E_{景4} \times 0.25 \quad （公式 4-9）$$

　　参考《城市园林绿化评价标准》，本指标评价标准分为 I 、II 、III 、IV 、V 共五个等级，详见表 4-15。

城市园林绿化景观性评价标准　　　　　　表 4-15

评价等级	评价描述	评价值
I	城市园林绿化景观价值高	9
II	城市园林绿化景观价值较高	7
III	城市园林绿化景观价值一般	5
IV	城市园林绿化景观价值较差	3
V	城市园林绿化景观价值差	1

（3）城市园林绿化文化性评价（F8）

城市园林绿化文化性评价侧重于园林绿化建设中对原有场地人文历史的保护与继承评价。本指标分为文化的保护（原有场地历史人文遗产的保护）和文化的继承（原有场地历史人文遗产挖掘继承与展示）两个方面，根据分项的权重决定最终评分（表4-16）。

城市园林绿化文化性评价值评价表　　　　　　　　表4-16

评价内容	评价取分标准					评价分值	权重
	9.0~10.0分	8.0~8.9分	7.0~7.9分	6.0~6.9分	小于6.0分		
文化的保护	好	较好	一般	较差	差	文$_1$	0.50
文化的继承	好	较好	一般	较差	差	文$_2$	0.50

资料来源：《城市园林绿化评价标准》GB/T 50563—2010。

城市园林绿化文化性评价计算公式为：

$$文 = 文_1 × 0.50 + 文_2 × 0.50 \qquad （公式4-10）$$

参考《城市园林绿化评价标准》，本指标评价标准分为Ⅰ、Ⅱ、Ⅲ、Ⅳ、Ⅴ共五个等级，详见表4-17。

城市园林绿化文化性评价标准　　　　　　　　表4-17

评价等级	评价描述	评价值
Ⅰ	城市园林绿化文化价值高	9
Ⅱ	城市园林绿化文化价值较高	7
Ⅲ	城市园林绿化文化价值一般	5
Ⅳ	城市园林绿化文化价值较差	3
Ⅴ	城市园林绿化文化价值差	1

（4）城市容貌评价（F9）

城市容貌评价侧面反映的是使用者对于城市环境的直观感受评估。指标共分为公共场所（使用者对城市公共场所环境感受）、广告设施标识（广告牌、标识牌清晰程度）、公共设施（城市公共设施完善度）、城市照明（路灯等城市照明设施完善程度）四个方面，根据分项的权重决定最终评分（表4-18）。

城市容貌影响因素分级标准　　　　　　　　表4-18

评价内容	评价取分标准					评价分值	权重
	9.0~10.0分	8.0~8.9分	7.0~7.9分	6.0~6.9分	小于6.0分		
公共场所	好	较好	一般	较差	差	容$_1$	0.30
广告设施标识	好	较好	一般	较差	差	容$_2$	0.30

评价内容	评价取分标准					评价分值	权重
	9.0~10.0分	8.0~8.9分	7.0~7.9分	6.0~6.9分	小于6.0分		
公共设施	好	较好	一般	较差	差	容$_3$	0.20
城市照明	好	较好	一般	较差	差	容$_4$	0.20

资料来源：《城市园林绿化评价标准》GB/T 50563—2010。

城市容貌评价计算公式为：

$$容 = 容_1 \times 0.30 + 容_2 \times 0.30 + 容_3 \times 0.20 + 容_4 \times 0.20 \qquad （公式4-11）$$

参考《城市园林绿化评价标准》，本指标评价标准分为Ⅰ、Ⅱ、Ⅲ、Ⅳ、Ⅴ共五个等级，详见表4-19。

城市容貌评价标准　　　　　　　表4-19

评价等级	评价描述	评价值
Ⅰ	城市容貌好，设施完备度高	9
Ⅱ	城市容貌较好，设施完备度较高	7
Ⅲ	城市容貌一般，设施完备度一般	5
Ⅳ	城市容貌较差，设施完备度较差	3
Ⅴ	城市容貌差，设施完备度差	1

4.4.5.3　景观效益评价指标（E3）

其中斑块破碎化指数（F11）指标的评价等级、评价描述、评价值见4.4.4小节C5项中相关解释。

（1）绿地可达性（F10）

可达性指的是空间内各节点在道路网络中互相影响的程度，城市绿地的可达性主要体现在市民到达绿地需要的交通成本，表达了城市绿地提供服务功能的效率高低及市民使用的难易程度。

随着对可达性相关认知的不断深入，如今对于研究和分析城市绿地空间可达性的评价方法也逐渐丰富。本研究在该指标的采用上选择Allen（1995）提出的一种基于最小阻力的可达性评估方法[1][2]，其原理为：在计算过程中，通过使用最短时间线或两个传输网络节点之间的距离来评估节点的可达性。距离越小，表示该节点（如交叉口）的可达性越

① 付益帆，杨凡，包志毅.基于空间句法和LBS大数据的杭州市综合公园可达性研究[J].风景园林，2021，28（2）：69-75.
② 闫楚倩，马航，刘大平.基于空间句法的哈尔滨近代居住文化解读[J].建筑学报，2020（S2）：152-157.

好。路网节点可达性与整个路网可达性公式可表示为：

$$A_i = \frac{1}{n-1}\sum_{j=1}^{n}d_{ij} \qquad （公式 4-12）$$

$$A = \frac{1}{n}\sum_{j=1}^{n}A_i \qquad （公式 4-13）$$

式中：d_{ij} 为表示节点 i、j 之间的最短时间距离或最短空间距离；A_i 为路网节点 i 的可达性；A 为整个路网的可达性；n 为整个道路网络中的节点个数。

参考相关研究及《城市园林绿化评价标准》，确定本指标评价标准分为Ⅰ、Ⅱ、Ⅲ、Ⅳ、Ⅴ共五个等级（表4-20）。旨在表达居民到达城市绿地的难易程度以及在15分钟内可到达的城市绿地面积占城市绿地总面积比例。

城市绿地可达性评价标准　　　　　　　　　　　　　　表4-20

评价等级	评价描述	评价值
Ⅰ	绿地可达性高，15分钟内可到达的城市绿地面积占城市绿地总面积的比例 ≥ 50%	9
Ⅱ	绿地可达性较高，15分钟内可到达的城市绿地面积占城市绿地总面积的比例 40%~50%	7
Ⅲ	绿地可达性一般，15分钟内可到达的城市绿地面积占城市绿地总面积的比例 30%~40%	5
Ⅳ	绿地可达性较差，15分钟内可到达的城市绿地面积占城市绿地总面积的比例 20%~30%	3
Ⅴ	绿地可达性差，15分钟内可到达的城市绿地面积占城市绿地总面积的比例 < 20%	1

（2）绿地分布均匀度（F12）

金远（2006）运用洛伦兹曲线和基尼系数计算了城市绿地分布的集中度。洛伦兹曲线常用于比较和分析一个国家在不同时代或不同国家在同一时代的财富不平等，它作为一种图形方法被广泛使用，以总结收入和财富分配的信息[1-3]。应用在城市绿地系统中，就是将城市区域划分为网格，计算城市绿地在每个网格中的比例，按照公共绿地的平方面积从小到大排列数据，计算绿地的平方数和平方面积的累积值以及百分比的累积值[4]。用计算出的百分比在坐标轴上标出所有对应的点，用平滑的曲线将它们连接起来称为洛伦兹曲线，然后通过洛伦兹曲线计算相关的基尼系数，以基尼系数作为绿地分布均匀性的定量值（图4-3）[5]。

① KLAUS S，SABINE D，RALF H. Making friends in Zurich's urban forests and parks：The role of public green space for social inclusion of youths from different cultures[J]. Forest Policy and Economics，2009，11（1）：10-17.
② JULIA N G，DIMOS D. The contribution of urban green spaces to the improvement of environment in cities：case study of Chania，Greece [J]. Building and Environment，2010，45（6）：1401-1414.
③ 高祥伟，张志国，费鲜芸. 城市公园绿地空间分布均匀度网格评价模型 [J]. 南京林业大学学报（自然科学版），2013，37（6）：96-100.
④ 张朋飞. 城镇园林绿地分布均匀状态量化指标研究——以河南省新郑市三镇为例 [D]. 郑州：河南农业大学，2014.
⑤ 金远. 对城市绿地指标的分析 [J]. 中国园林，2006（8）：56-60.

在城市绿地分布均匀度操作上，本研究基于 ArcGIS 平台，通过创建渔网将城市绿地系统进行均匀分割，并依此统计每个网格中绿地占比，计算出城市绿地网格的累计百分比，并依此在 Excel 上进行基尼系数的计算以及洛伦兹曲线的可视化绘制。其中基尼指数 g 的取值区间为 0~1，当 g 值较大时，表明绿地分布较为集中，且绿地服务供给的公平性较低；而当 g 值较小时，表明绿地分布较为均匀，且绿地服务供给的公平性更高。依据此可将本指标评价标准分为 Ⅰ 、Ⅱ 、Ⅲ 、Ⅳ 、Ⅴ 共五个等级（表 4-21）。

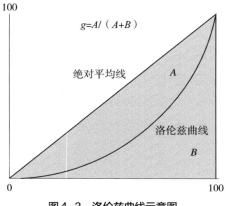

图4-3 洛伦兹曲线示意图

绿地分布均匀度评价标准　　　　　　　　　表 4-21

评价等级	评价描述	评价值
Ⅰ	$g \leq 0.2$	9
Ⅱ	$0.2 < g \leq 0.4$	7
Ⅲ	$0.4 < g \leq 0.6$	5
Ⅳ	$0.6 < g \leq 0.8$	3
Ⅴ	$g > 0.8$	1

4.4.5.4　空间结构定量指标（E4）

（1）中心城区绿化覆盖率（F13）

中心城区绿化覆盖率是指中心城区各类型绿地的垂直投影面积与中心城区总面积比值；它是反映城市环境品质和人民生活幸福程度的一个重要指标。其中，绿化垂直投影区域包括了城市绿地内各种乔木、灌木、草坪和屋顶绿化等。参考《国家园林城市评选标准》和《城市园林绿化评价标准》中关于绿地覆盖率的规定，可将本指标评价标准分为 Ⅰ 、Ⅱ 、Ⅲ 、Ⅳ 、Ⅴ 共五个等级（表 4-22）。

中心城区绿化覆盖率评价标准　　　　　　　　表 4-22

评价等级	评价描述	评价值
Ⅰ	$\geq 40\%$	9
Ⅱ	38%~40%	7
Ⅲ	36%~38%	5
Ⅳ	34%~36%	3
Ⅴ	< 34%	1

（2）中心城区绿地率（F14）

中心城区绿地率指中心城区各类绿地用地总面积占中心城区面积的比率。其反映了一定区域内绿化建设水平及发展速度，也表明城市公园绿地覆盖率或公共绿地覆盖度。城市园林绿化的评估中，绿地率是一项至关重要的指标，它是城市规划和园林绿化工作的重要依据，也在各种类型的城市生态环境评价中承担着重要的责任。参考《国家园林城市评选标准》《城市园林绿化评价标准》中对中心城区绿地率的相关要求，可将本指标评价标准分为Ⅰ、Ⅱ、Ⅲ、Ⅳ、Ⅴ共五个等级（表4-23）。

中心城区绿地率评价标准
表4-23

评价等级	评价描述	评价值
Ⅰ	≥ 35%	9
Ⅱ	33%~35%	7
Ⅲ	31%~33%	5
Ⅳ	29%~31%	3
Ⅴ	< 29%	1

（3）城市人均公园绿地面积（F15）

人均公园绿地面积指的是城市中公园绿地面积与中心城区常住人口的比值，可以反映城市居民生活环境和生活质量。参考《城市园林绿化评价标准》中对城市人均公园绿地面积的相关要求，本指标评价标准分为Ⅰ、Ⅱ、Ⅲ、Ⅳ、Ⅴ共五个等级（表4-24）。

人均公园绿地面积评价标准
表4-24

评价等级	评价描述	评价值
Ⅰ	≥ 12m²/人	9
Ⅱ	11~12m²/人	7
Ⅲ	9~11m²/人	5
Ⅳ	7.5~9m²/人	3
Ⅴ	< 7.5m²/人	1

（4）万人拥有综合公园指数（F16）

按照《公园设计规范》GB 51192—2016、《城市绿地分类标准》，综合公园是指内容丰富，适合于开展各类户外活动，具有完善的游憩和配套管理服务设施的绿地，其规模不应小于 5hm²，宜大于 10hm²。万人拥有综合公园指数指的是城市中综合公园个数与中心城区常住人口（万人）的比值，可以从侧面反映城市公园建设与规模的现实状况。

参考《城市园林绿化评价标准》和《国家园林城市评选标准》中对万人拥有综合公园指数的相关要求，可将本指标评价标准分为Ⅰ、Ⅱ、Ⅲ、Ⅳ、Ⅴ共五个等级（表4-25）。

万人拥有综合公园指数评价标准 表4-25

评价等级	评价描述	评价值
Ⅰ	≥ 0.070	9
Ⅱ	0.065~0.070	7
Ⅲ	0.060~0.065	5
Ⅳ	0.055~0.060	3
Ⅴ	< 0.055	1

（5）公园绿地服务半径覆盖率（F17）

公园绿地服务半径覆盖率指的是公园绿地服务半径覆盖的居住用地面积占中心城区居住用地总面积的百分比。依据《城市园林绿化评价标准》，公园绿地服务半径覆盖率有以下评价要求：①公园绿地服务半径应以公园各边界起算；②中心城区内的非历史文化街区范围应采用大于或等于5000m²的城市公园绿地按照500m的服务半径覆盖居住用地面积的百分比进行评价；③中心城区内的历史文化街区范围应采用大于或等于1000m²的城市公园绿地按照300m的服务半径覆盖居住用地面积的百分比进行评价[1]。参考《城市园林绿化评价标准》和《国家园林城市评选标准》对万人公园综合指数的相关要求，本指标评价标准可分为Ⅰ、Ⅱ、Ⅲ、Ⅳ、Ⅴ共五个等级（表4-26）。

公园绿地服务半径覆盖率评价标准 表4-26

评价等级	评价描述	评价值
Ⅰ	≥ 90%	9
Ⅱ	80%~90%	7
Ⅲ	70%~80%	5
Ⅳ	60%~70%	3
Ⅴ	< 60%	1

（6）古树名木保护率（F18）

古树名木是悠久历史的见证，也是社会文明程度的标志[2]，它记录城市发展历史，反映城市治理水平。《城市园林绿化评价标准》中，古树名木保护率为建档并存活的古树名

---

① 城市园林绿化评价标准 GB/T 50563—2010 [S].
② 胡坚强，夏有根，梅艳，等.古树名木研究概述 [J].福建林业科技，2004（3）：151–154.

木数量占古树名木总数量的比例。参考各部门发布的条例标准，结合各城市相关政策，本指标评价标准可分为Ⅰ、Ⅱ、Ⅲ、Ⅳ、Ⅴ共五个等级（表4-27）。

古树名木保护率评价标准

表4-27

评价等级	评价描述	评价值
Ⅰ	≥ 95%	9
Ⅱ	90%~95%	7
Ⅲ	85%~90%	5
Ⅳ	80%~85%	3
Ⅴ	< 80%	1

4.4.5.5　防灾避险评价指标（E5）

（1）人均防灾避险绿地面积（F19）

城市应急避难场所一般结合城市开敞空间等场所布置，主要包括公园、广场、操场、空地、各类绿地和体育场馆等城市公共开敞空间及设防等级高的建筑[①]。本研究中人均防灾避险绿地面积的数值计算为防灾避险绿地面积 ÷ 中心城区常住人口数量。人均防灾避险绿地面积的高低一定程度上反映了城市绿地在防灾避险功能上的供给效益。

《城市抗震防灾规划标准》GB 50413—2023 中规定紧急避震疏散场所人均有效避难面积不小于 $1m^2$，固定避震疏散场所人均有效避难面积不小于 $2m^2$。参考《国家园林城市评选标准》与《城市抗震防灾规划标准》等相关标准及各应急避难场所有关规划政策，本指标评价标准分为Ⅰ、Ⅱ、Ⅲ、Ⅳ、Ⅴ共五个等级（表4-28）。

人均防灾避险绿地面积评价标准

表4-28

评价等级	评价描述	评价值
Ⅰ	3~4m^2	9
Ⅱ	2~3m^2	7
Ⅲ	1~2m^2	5
Ⅳ	0.5~1m^2	3
Ⅴ	< 0.5m^2	1

（2）防灾避险绿地面积占公园绿地面积比例（F20）

防灾避险绿地面积占公园绿地面积比是指在一定区域内，设置防灾避险绿地的面积占公园绿地总面积的比例，该比例主要用于评估城市防灾避险绿地规划和建设程度。在对

---

① 窦凯丽. 城市防灾应急避难场所规划支持方法研究 [D]. 武汉：武汉大学，2014.

国内外有关文献进行研究的基础上，将本指标评价标准分为Ⅰ、Ⅱ、Ⅲ、Ⅳ、Ⅴ共五个等级（表4-29）。

防灾避险绿地面积占公园绿地面积比例评价标准　　　　　　表4-29

评价等级	评价描述	评价值
Ⅰ	≥ 65%	9
Ⅱ	40%~65%	7
Ⅲ	25%~40%	5
Ⅳ	10%~25%	3
Ⅴ	< 10%	1

（3）防灾避险绿地服务半径覆盖率（F21）

防灾避险绿地服务半径一般表达了防灾避险绿地的建设分布情况，侧面体现了防灾绿地在城市空间分布中的合理性。防灾避险绿地服务半径覆盖率，即防灾避险绿地服务半径覆盖的居住用地面积在中心城区居住用地总面积中的占比。该指标表达防灾避险绿地覆盖分布的完善性及场所利用率，可侧面反映城市防灾避险场所的供给关系。参考公园绿地服务半径覆盖率与相关研究，本指标评价标准分为Ⅰ、Ⅱ、Ⅲ、Ⅳ、Ⅴ共五个等级（表4-30）。

防灾避险绿地服务半径覆盖率评价标准　　　　　　表4-30

评价等级	评价描述	评价值
Ⅰ	≥ 50%	9
Ⅱ	40%~50%	7
Ⅲ	30%~40%	5
Ⅳ	20%~30%	3
Ⅴ	< 20%	1

（4）防灾避险绿地的可达性（F22）

防灾避险绿地可达性反映了居民到达防灾避险绿地的难易程度。该指标采用与城市绿地可达性相同的最小阻力的可达性评估方法，旨在表达居民到达防灾避险绿地的难易程度以及在15分钟内可到达的防灾避险绿地占城市防灾避险绿地总面积比例。依据相关研究结论，确定评价标准分为Ⅰ、Ⅱ、Ⅲ、Ⅳ、Ⅴ共五个等级（表4-31）。

防灾避险绿地可达性评价标准　　　　　　表4-31

评价等级	评价描述	评价值
Ⅰ	防灾避险绿地可达性高，15分钟内可到达的防灾避险绿地占城市防灾避险绿地总面积比例 ≥ 50%	9

评价等级	评价描述	评价值
Ⅱ	防灾避险绿地可达性较高，15分钟内可到达的防灾避险绿地占城市防灾避险绿地总面积比例40%~50%	7
Ⅲ	防灾避险绿地可达性一般，15分钟内可到达的防灾避险绿地占城市防灾避险绿地总面积比例30%~40%	5
Ⅳ	防灾避险绿地可达性较差，15分钟内可到达的防灾避险绿地占城市防灾避险绿地总面积比例20%~30%	3
Ⅴ	防灾避险绿地可达性差，15分钟内可到达的防灾避险绿地占城市防灾避险绿地总面积比例 < 20%	1

4.4.6　城市市辖区绿地系统评价指标的解释

本系统中各项评价指标的评价等级、评价描述、评价值参考 4.4.4~4.4.5 小节。

4.4.7　城市绿地系统评价模型的指标间的权重配比

4.4.7.1　层次分析法

层次分析法（Analytic Hierarchy Process，AHP）是一种综合了定性与定量两方面进行多目标决策的理论方法。在 1971 年，美国的运筹学教授萨迪（T. L. Satty）首次提出层次分析法。在经历了长时间的发展与演化后，AHP 已经逐步用于规划编制、资源配置和方案排序等领域。AHP 评价模型构造流程见图 4-4。

（1）建立层次结构模型

在决策分析中，层次分析法可以从不同的角度、层次对多个因素组成的复杂系统进行评价，并根据系统的决策目标组织问题，形成层次结构及多层次分析模型。标准层和指标位置由高到低划分。

其中目标层，也称为最高层，即只有一个元素，通常是一个预先确定的对象或者是一个理想的结果；准则层，也称为中间层，即包含了所有实现目标所涉及的中间环节，准则层也可继续分为若干个层次；决策层，这一层次包括了为实现目标

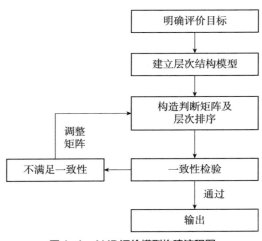

图4-4　AHP评价模型构建流程图

可供选择的各种措施、决策方案等，因此也称为措施层或方案层[1][2]。为了避免太多的元素会对对比造成不便，通常情况下，在所选择的层级中，每一个关键要素都不会超过9个，为更加精确对各指标进行评价，萨迪采用比较标度法对元素进行两两比较（表4-32）。

比较标度法 表4-32

标度	含义
1	元素 a_i 与 a_j 相比时，两者重要性相同
3	元素 a_i 与 a_j 相比时，a_i 比 a_j 稍重要
5	元素 a_i 与 a_j 相比时，a_i 比 a_j 明显重要
7	元素 a_i 与 a_j 相比时，a_i 比 a_j 强烈重要
9	元素 a_i 与 a_j 相比时，a_i 比 a_j 极端重要
2，4，6，8	元素 a_i 与 a_j 相比时，重要程度介于上述程度之间
倒数	若 a_i 与 a_j 比较的判断值为 a_{ij}，则 a_j 与 a_i 比较的判断值为 $1/a_{ij}$

（2）构造判断矩阵

通过下级对于上级因素的相对重要性来进行指标系数的权重。设判断矩阵为 R，每一层指标因素都以相邻上一层各指标因素为参照物，因此可构造判断矩阵：

$$R = \begin{bmatrix} A_{11} & \cdots & A_{1n} \\ \vdots & \ddots & \vdots \\ A_{m1} & \cdots & A_{mn} \end{bmatrix} = \begin{bmatrix} \dfrac{A_1}{A_1} & \cdots & \dfrac{A_1}{A_n} \\ \vdots & \ddots & \vdots \\ \dfrac{A_n}{A_1} & \cdots & \dfrac{A_n}{A_n} \end{bmatrix} \qquad （公式4-14）$$

R 为正定互反矩阵，其最大特征根 λ_{max} 存在且唯一。事实上，对于矩阵 R 的值和向量 W 的精确数值很难确定，通常使用根二次法求出近似值，将向量进行归一化，求出对应的最大特征根 λ_{max} 及特征向量 W，并对 W 归一化，即可得到各因素的权重，计算公式如下：

$$\widetilde{W}_{ij} = \frac{a_{ij}}{\sum_{i=1}^{n} a_{ij}} \qquad （公式4-15）$$

$$W_{ij} = \frac{\sqrt[n]{\prod_{j=1}^{n} \widetilde{W}_{ij}}}{\sum_{i=1}^{n} \sqrt[n]{\prod_{j=1}^{n} \widetilde{W}_{ij}}} \qquad （公式4-16）$$

$$\lambda_{max} = \sum_{i=1}^{n} \frac{(RW)_i}{nW_i} \qquad （公式4-17）$$

---

[1] 张艺鸽. 基于空间句法和 AHP-TOPSIS-POE 法的城市公园空间组织构成量化分析 [D]. 郑州：河南农业大学，2022.

[2] 杜师博. 基于 AHP-TOPSIS 法的城市公园景观空间的尺度评价研究 [D]. 郑州：河南农业大学，2020.

（3）计算权重系数及一致性检验

层次排序后的一致性检验，旨在验证层次总排序后的判断矩阵是否满足已执行条件，确保评价过程有效可行。其公式及步骤如下。

计算一致性指标 CI：

$$CI = \frac{\lambda_{\max} - n}{n - 1}$$

（公式 4-18）

查找相应的平均随机一致性指标 RI，见表 4-33。

平均随机一致性指标 RI 表 4-33

矩阵阶数 n	1	2	3	4	5	6	7	8	9	10
RI	0	0	0.52	0.89	1.12	1.26	1.36	1.41	1.46	1.49

计算一致性比率 CR：

$$CR = \frac{CI}{RI}$$

（公式 4-19）

用一致性比率 CR 的值来对矩阵进行判断，如果 CR 值小于 0.1，那么矩阵构建是可行的，如果 CR 值大于等于 0.1 或值为负数，那么就需要重新调整矩阵的数值。

层次分析法是比较评价指标相对重要性的一种简明评价方法。它有三个主要优点：①系统的分析方法。层次分析法是将整个研究对象按照要素之间的关系进行分解，并将其整合为一个系统。②简单实用的决策方法。将决策问题转化为多层次，并将每个层次的相关元素进行成对比较，使得数据的计算更加简单。③需要较少的定量数据信息。主要是指专家学者对评价对象性质的认知，总结出能代表评价对象的要素，并进行简单的权重计算[1]。层次分析法也有以下几个方面的不足：不为决策提供一种新的方案。层次分析法的作用是从许多方案中区分出优劣，但它不能得到一个更好的新方案。使用的数据量较少，导致定量研究不足。指标值的获取依赖于专家的单方面评价，评价对象的来源相对简单。层次分析法过于依赖评价模型，评价因子一般不超过 9 个，超过 9 个则超出人心理承受范围。主观因素占比较大，仅靠专业人士的讨论和打分，很难涵盖所有的研究角度和评价指标的细节；需要引入更多的评价群体，以增加公共评分的多样性。

4.4.7.2 指标数据获取预处理

通过对武汉市相关统计数据年鉴的查阅，爬取网络地图 POI、调查问卷等方法收集与指标体系分析有关的数据，包括数据表、POI 坐标地图和调查问卷评价。

---

[1] 向毅. 基于 AHP-TOPSIS 的生态护岸评价模型及应用 [D]. 长沙：长沙理工大学，2020.

72 城市绿地系统评价体系构建及应用研究——以武汉市为例

为保证实验数据更科学合理，本研究基于绿地评价提出一种由绿地系统评价指标驱动的模糊推理系统（GreenLand Evaluation-FIS），该模型可以同时考虑评价指标数据的有效性和评价单元的异质性，以探究定性和半定性数据的分类和使用问题。为确定爬取数据和调查问卷数据的推理过程，实验前期对武汉市中心城区居民发放调查问卷，并爬取商业、娱乐、公共设施等POI数据，建立初期研究模型，以便建立适合的模糊推理系统，并利用该数据对模糊推理系统中的隶属度函数进行了校准。

FIS推理过程由模糊化（Fuzzification）、推理（Inference）和去模糊化（Defuzzification）组成，模糊化是将输入变量解析为模糊集，每个模糊集的隶属度由隶属度函数决定。在隶属度函数中，其曲线定义了每个输入点如何映射到0~1的隶属度值，模糊驱动通过计算模糊IF-THEN规则来实现如何将输入集合转换为输出的过程。去模糊化是将模糊输出集合响应并转换为精确值，并分配到具体评价体系的指标层，以便进行下一步权重计算。

4.4.8　城市绿地系统评价指标权重计算

通过编制城市绿地系统评价指标比较专家评分表（见附表2），采用专家及相关从业人员问卷调查的方式征求意见，要求被调查者对各准则进行两两比较并打分，随后对各得分取众数，最终生成判断矩阵并进行一致性检验，并对相关数据通过模糊推理系统进行预处理。对准则层和指数层分别制作判断矩阵，并进行测试，建立初步模糊推理系统的决策规则，其具体内容见表4-34~ 表4-52。

A-B 准则层各因素比较评分表　　　　　　　　　　表 4-34

A1	B1	B2	B3	权重
B1	1	5	1	0.4665
B2	1/5	1	1/4	0.1005
B3	1	4	1	0.4330
CR=0.0053				

-B 生态功能评价指标各因素比较评分表　　　　　表 4-35

B1	C1	C2	权重
C1	1	3	0.7500
C2	1/3	1	0.2500
CR=0.0000			

–B 社会经济效益评价指标各因素比较评分表　　　　　　　表 4-36

B2	C3	C4	权重
C3	1	5	0.3333
C4	1/5	1	0.6667

CR=0.0000

–B 景观效益评价指标各因素比较评分表　　　　　　　表 4-37

B3	C5	C6	权重
C5	1	1/4	0.2000
C6	4	1	0.8000

CR=0.0000

市域城市绿地系统总体指标权重表　　　　　　　表 4-38

目标层（A）	准则层（B）	权重	指标层（C）	权重	综合权重
市域城市绿地系统评价指标体系（A1）	生态功能评价指标（B1）	0.4665	碳氧平衡指数（C1）	0.7500	0.3944
			空气质量指数（C2）	0.2500	0.1166
	社会经济效益指标（B2）	0.1005	释氧固碳价值（C3）	0.3333	0.0335
			滞尘价值（C4）	0.6667	0.0670
	景观效益评价指标（B3）	0.4330	斑块破碎化指数（C5）	0.2000	0.0866
			森林覆盖率（C6）	0.8000	0.3464

D-E 准则层各因素比较评分表　　　　　　　表 4-39

D1	E1	E2	E3	E4	E5	权重
E1	1	1/3	1	1/5	6	0.1303
E2	3	1	2	1/2	5	0.2524
E3	1	1/2	1	1/4	5	0.1342
E4	5	2	4	1	5	0.4400
E5	1/6	1/6	1/5	1/5	1	0.0431

CR=0.0753

–F 生态功能评价指标各因素比较评分表　　　　　　　表 4-40

E1	F1	F2	F3	权重
F1	1	3	1/3	0.2684
F2	1/3	1	1/4	0.1172
F3	3	4	1	0.6144

CR=0.0707

-F 社会经济效益指标各因素比较评分表   表 4-41

E2	F4	F5	F6	F7	F8	F9	权重
F4	1	1/5	1	4	1/3	4	0.1174
F5	5	1	5	6	4	5	0.4586
F6	1	1/5	1	5	2	3	0.1621
F7	1/4	1/6	1/5	1	1/5	2	0.0456
F8	3	1/4	1/2	5	1	5	0.1749
F9	1/4	1/5	1/3	1/2	1/5	1	0.0414

CR=0.0985

-F 景观效益评价指标各因素比较评分表   表 4-42

E3	F10	F11	F12	权重
F10	1	6	7	0.7641
F11	1/6	1	1	0.1210
F12	1/7	1	1	0.1149

CR=0.0250

-F 空间结构定量指标各因素比较评分表   表 4-43

E4	F13	F14	F15	F16	F17	F18	权重
F13	1	3	3	3	5	7	0.3786
F14	1/3	1	3	3	3	6	0.2409
F15	1/3	1/3	1	3	4	7	0.1778
F16	1/3	1/3	1/3	1	2	6	0.1024
F17	1/5	1/3	1/4	1/2	1	6	0.0736
F18	1/7	1/6	1/7	1/6	1/6	1	0.0266

CR=0.0941

-F 防灾避险评价指标各因素比较评分表   表 4-44

E5	F19	F20	F21	F22	权重
F19	1	3	3	3	0.4884
F20	1/3	1	3	2	0.2507
F21	1/3	1/3	1	1/2	0.1034
F22	1/3	1/2	2	1	0.1575

CR=0.0536

目标层（D）	准则层（E）	权重	指标层（F）	权重	综合权重
中心城区城市绿地系统评价指标体系（D1）	生态功能评价指标（E1）	0.1303	碳氧平衡指数（F1）	0.2684	0.035
			降温增湿指数（F2）	0.1172	0.0153
			空气质量指数（F3）	0.6144	0.0801
	社会经济效益指标（E2）	0.2524	释氧固碳价值（F4）	0.1174	0.0296
			滞尘价值（F5）	0.4586	0.1158
			城市园林绿化功能性评价值（F6）	0.1621	0.0409
			城市园林绿化景观性评价值（F7）	0.0456	0.0115
			城市园林绿化文化性评价值（F8）	0.1749	0.0441
			城市容貌评价值（F9）	0.0414	0.0104
	景观效益评价指标（E3）	0.1342	绿地可达性（F10）	0.7641	0.1025
			斑块破碎化指数（F11）	0.121	0.0162
			绿地分布均匀度（F12）	0.1149	0.0154
	空间结构定量指标（E4）	0.44	中心城区绿化覆盖率（F13）	0.3786	0.1666
			中心城区绿地率（F14）	0.2409	0.106
			城市人均公园绿地面积（F15）	0.1778	0.0782
			万人拥有综合公园指数（F16）	0.1024	0.0451
	空间结构定量指标（E4）	0.44	公园绿地服务半径覆盖率（F17）	0.0736	0.0324
			古树名木保护率（F18）	0.0266	0.0117
	防灾避险评价指标（E5）	0.0431	人均防灾避险绿地面积（F19）	0.4884	0.0211
			防灾避险绿地面积占公园绿地面积比例（F20）	0.2507	0.0108
			防灾避险绿地服务半径覆盖率（F21）	0.1034	0.0045
			防灾避险绿地可达性（F22）	0.1575	0.0068

G1	H1	H2	H3	H4	H5	权重
H1	1	1/3	1/3	4	3	0.1845
H2	3	1	1	3	3	0.3197
H3	3	1	1	3	3	0.3197
H4	1/4	1/3	1/3	1	1/3	0.0674
H5	1/3	1/3	1/3	3	1	0.1087

CR=0.0858

H1	I1	I2	权重
I1	1	1/3	0.2500
I2	3	1	0.7500

CR=0.000

-I 社会经济效益指标各因素比较评分表　表 4-48

H2	I3	I4	I5	I6	权重
I3	1	4	4	3	0.5260
I4	1/4	1	1/3	1/3	0.0829
I5	1/4	3	1	1/2	0.1573
I6	1/3	3	2	1	0.2338
		CR=0.0598			

-I 景观效益评价指标各因素比较评分表　表 4-49

H3	I7	I8	权重
I7	1	2	0.6667
I8	1/2	1	0.3333
	CR=0.000		

-I 空间结构定量指标各因素比较评分表　表 4-50

H4	I9	I10	权重
I9	1	3	0.7500
I10	1/3	1	0.2500
	CR=0.000		

-I 防灾避险评价指标各因素比较评分表　表 4-51

H5	I11	I12	权重
I11	1	1/4	0.2000
I12	4	1	0.8000
	CR=0.000		

城市市辖区绿地系统总体指标权重表　表 4-52

目标层（G）	准则层（H）	权重	指标层（I）	权重	综合权重
城市市辖区绿地系统评价指标体系（G1）	生态功能评价指标（H1）	0.1845	碳氧平衡指数（I1）	0.2500	0.0461
			降温增湿指数（I2）	0.7500	0.1384
	社会经济效益指标（H2）	0.3197	城市园林绿化功能性评价值（I3）	0.5260	0.1682
			城市园林绿化景观性评价值（I4）	0.0829	0.0265
			城市园林绿化文化性评价值（I5）	0.1573	0.0747
			城市容貌评价值（I6）	0.0238	0.0503
	景观效益评价指标（H3）	0.1087	绿地可达性（I7）	0.0667	0.0725
			绿化覆盖率（I8）	0.3333	0.0362
	空间结构定量指标（H4）	0.0674	公园绿地服务半径覆盖率（I9）	0.7500	0.0505
			古树名木保护率（I10）	0.2500	0.0168
	防灾避险评价指标（H5）	0.3197	防灾避险绿地服务半径覆盖率（I11）	0.2000	0.0639
			防灾避险绿地可达性（I12）	0.8000	0.2557

4.5 指标体系与空间演化模型研究

分析城市绿地斑块演化与绿地系统评价指标研究的动态交互关系对于新型城镇化和可持续发展具有重要意义。将城市绿地斑块演化与绿地系统评价指标研究视为一个复合系统，城市绿地斑块演化与绿地系统评价指标研究构成复合系统的指标体系，提炼简化研究对象不同层次中的分析指标要素，选用相关指标量化系统要素，分析指标体系内要素的空间形态、结构、格局、功能等的动态演化，构建系统模型，探究斑块演化与绿地系统评价指标研究的耦合效应。本方法基于系统动力学论思想构建动态耦合协调度模型，分析了武汉市城市绿地斑块演化与绿地系统评价指标体系的作用与耦合关系及其空间梯度变化规律。区别于以往常用耦合度模型方法分析人口、经济、空间和社会城市化宏观系统要素，及其与城市绿地系统环境之间交互关系的研究方法，该方法从城市扩张的微观演化形态入手，以 PEI（Proximity Expansion index）指数度量城市扩张演化形态，选用类景观格局指数度量城市绿地系统变化，从城市绿地系统的形态规模、构型等方面描述其变化；借鉴动态耦合协调度理论模型，将城市绿地斑块演化与城市绿地系统扩张视为两个非线性系统，重点关注系统格局与过程的外在表现，即城市系统空间演化过程与城市绿地系统要素、形态、景观格局等的变化，解释不同空间梯度城市扩张与城市绿地系统的复合系统的交互耦合关系特征，并对不同区域内城市扩张与生态空间保护的平衡提出可能的管控措施。

4.5.1 空间演化特征度量

城市扩张即城市形态演化的过程，是所有新增城市斑块综合作用的结果，表现镶嵌在城市中的不同类型绿地（如林地、灌木、草地和水域所组成的城市整体绿地景观）的扩张，为充分量化城市绿地系统相关评价指标与斑块变化之间的空间关系，准确描述城市扩张演化过程，本方法基于指标权重选取 PEI 指数度量研究区的城市扩张特征 PEI 值的大小表征了城市绿地系统相关评价指标与斑块变化的邻近程度，值越小，邻近程度越低，扩张程度越高。计算公式如下：

$$PEI=1/[N+(1-A_i/A_n)] \qquad （公式 4-20）$$

式中：PEI 即邻近扩张指数，取值范围为 [0，1]；N 为新增斑块的缓冲区个数，缓冲区距离等于数据的分辨率，为 30m；A_i 表示最外围缓冲区与原有斑块相交的面积；A_n 表示最外围缓冲区的面积。当 2/3 < PEI ≤ 1 时，斑块为内填式扩张；当 1/2 < PEI ≤ 2/3 时，斑块为边缘式扩张；当 PEI ≤ 1/2 时，斑块为跳跃式扩张。

PEI 指数从微观层面度量城市扩张的空间邻接关系，为反映研究区域内所有城市绿地系统相关评价指标与斑块变化综合作用结果，采用斑块变化面积、增减斑块数量、平均邻近扩张指数（MPEI）和面积加权平均邻近扩张指数（AWMPEI）从城市空间扩张规模、扩张格局、扩张程度和紧凑度来反映研究区域的城市扩张系统要素空间形态、格局等的演化过程。MPEI 反映城市扩张程度，其值越大，城市扩张程度越小；AWMPEI 表征城市扩张紧凑度，其值越小，城市扩张趋于离散。

同时，度量参考值由前文城市绿地评价体系指标构成，主要指镶嵌在城市中的不同类型绿地和功能性指标，即林地、灌木、草地和水域组成的整体城市绿地景观指标，碳氧平衡、降温增湿等环境提升指标。该指标是定量分析城市绿地时空格局动态变化特征的重要基础，本方法从市域、中心城区和市辖区三个层次出发，通过生态功能、社会经济效益、景观效益、空间结构、防灾避险几个主要选择准则，以及从规范功能定义、斑块类型、斑块规模出发确定斑块、斑块类型和整体城市绿地系统分析指标。根据研究内容所需，主要从优化城市绿地系统、反映城市绿地生态空间及绿地时空分布配置的评价指标、权重来分析研究区评价体系准则层指标的系统要素规模、格局和功能的演化特征，具体指标根据体系中三类绿地系统评价指标准则层确定。

4.5.2 斑块演化模型

上文根据层次分析法得到了城市绿地系统评价模型，计算了各层次指标的权重。为进一步验证该模型对于绿地评价的有效性，笔者基于武汉市历年绿地数据构建了板块演化模型。并在后文对武汉市绿地空间在扩张程度和扩张形态上进行预测，与城市绿地系统评价模型的结果相结合，为后续提升策略研究提供有力抓手。

本方法驱动模型由 MATLAB 建模与 GIS 可视化完成，根据研究体系的三个目标层的相关指标对斑块计算得出对应的 PEI 指数，得到不同情况下的斑块演化趋势。

以下为一般公式：

$$f(U) = \sum_{j=1}^{n} a_j x_j \ (j=1, 2, \cdots, n) \qquad （公式 4-21）$$

$$f(E) = \sum_{i=1}^{n} b_i y_i \ (i=1, 2, \cdots, n) \qquad （公式 4-22）$$

式中：$f(U)$ 是绿地斑块扩张的一般函数；$f(E)$ 是功能性指标体系与生态系统相关性的一般函数；x 为绿地斑块扩张系统的元素，包括生态功能评价指标、社会经济效益指标、景观效益评价指标、空间结构定量指标、防灾避险评价指标。为了便于计算，指标权重参考城市绿地系统评价模型中三个城市等级计算得到的指标数值。并在本书"5.7 斑块演化模型预测"中计算扩张指数与综合扩展张水平，为后续研究提供帮助。

4.6　本章小结

　　本章主要探讨了城市绿地系统评价模型的构建方式、城市绿地系统评价对不同尺度城市的影响以及城市绿地的五个重点功能对城市绿地的影响。通过对大量文献的检索和筛选，结合专家问询，构建了城市绿地系统评价模型。同时，本章还强调了城市绿地系统评价对市域、城市中心城区和市辖区三种尺度的重要性。最后，本章简要阐述了城市绿地的五个重点功能对城市绿地的影响，包括生态功能、社会经济功能、景观效益功能、空间结构功能和防灾避险功能。

　　这些研究成果对于城市规划和管理具有重要的指导意义，可以促进城市绿地的可持续发展，提升城市居民的生活质量，为城市绿地的规划和管理提供更加可靠的决策支持。

第 5 章

武汉市城市绿地
系统的评价研究

5.1 武汉市城市绿地系统

5.1.1 武汉市基本情况

5.1.1.1 地理位置

武汉，简称"汉"，又名江城，是湖北省的省会，也是副省级城市、特大城市、国家中心城市、国务院批准的中部地区的中心城市，是重要的工业基地。武汉素有"九省通衢"之称，长江和汉江在这里交汇，形成了武昌、汉口和汉阳三镇隔江相望的格局。它是全国重要的水陆空综合交通枢纽，是中国的经济地理中心，全国四大铁路枢纽之一（图5-1）。

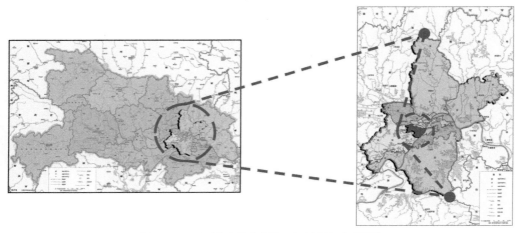

图5-1 研究对象区位（市域—中心城区—汉阳区）

5.1.1.2 气候条件

武汉市位于中国亚热带湿润气候区，其气候类型为季风性湿润气候。具体表现为四季分明，夏季湿热，冬季相对较冷，春秋两季温暖。全年雨量充沛，夏季降雨较多，梅雨季节较为明显。武汉的年平均温度在15.8~17.5℃；年平均日照时间为1810~2100h；年降水1150~1450mm。

5.1.1.3 自然资源

武汉市位于江汉平原东部，长江中游。市内河流纵横，湖泊密布，水域面积占全市总面积四分之一，其中长江为武汉市提供了重要的水运通道。此外，武汉还有众多湖泊和水库，如东湖、南湖、沙湖等，为城市提供了丰富的水资源。地貌中间低平，南北丘陵，北部低山林立。全市海拔高度在 19.2~873.7m，大部分在 50m 以下。

武汉市的植被类型以常绿阔叶林和落叶阔叶林的混交林为典型，共有 106 科、607 属、1066 种蕨类和种子植物，兼具南方和北方植物区系成分。樟树、楠竹、杉木、油茶叶茶、女贞、柑橘等是长江、汉江以南地区的主要树种代表，而马尾松、水杉、法桐、落羽松、栎、柿、栗等则是长江、汉江以北的主要树种。

5.1.1.4 社会、经济条件

武汉市统计局公报显示，截至 2023 年底，全市常住人口 1377.40 万人，比上年末增加 3.50 万人，其中城镇常住人口 1167.90 万人，常住人口城镇化率为 84.79%，比上年末提高 0.13 个百分点。年末全市户籍人口 949.52 万人。按常住人口计算，全市人均地区生产总值 145471 元，比上年增长 5.3%（图 5-2）。

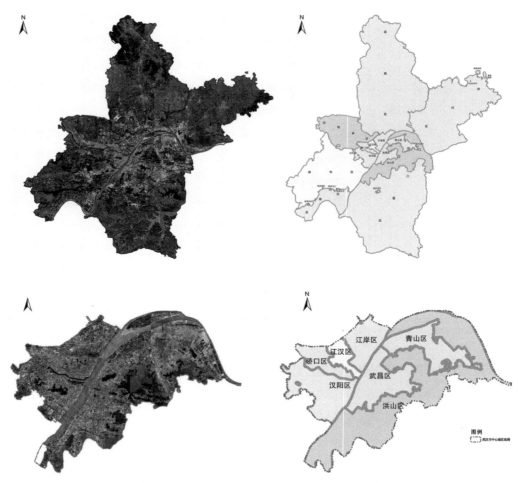

图 5-2　武汉市域、中心城区卫星图及行政区划图

5.1.2 武汉市城市绿地现状

截至目前，武汉市建成区绿地面积为 39019.7hm²，建成区人均公园绿地面积为 15.01m²，绿化覆盖率达 43.12%，绿地率为 40.07%（表 5-1）。

2023 年武汉市绿化主要数据统计表   表 5-1

序号	类别		计量单位	2023 年
一	园林绿化	建成区绿化覆盖面积	hm²	41989.9
		建成区绿化覆盖率	%	43.12
		建成区绿地面积	hm²	39019.7
		建成区绿地率	%	40.07
		建成区公园绿地面积	hm²	17006.4
		人均公园绿地面积	m²/人	15.01
		城市公园	个	188
		免费开放的公园	个	177
		公园游人量	万人次	10000
		绿道	km	2320.13
二	湿地资源	湿地面积	hm²	162461
		湖泊数量	个	166
三	山体资源	山体保护名录	个	446
		山体本体线面积	hm²	52758.58
		山体保护线面积	hm²	76720.05
四	陆生野生动物	重点区域鸟类观测记录	种	460
		国家一级保护	种	18
		国家二级保护	种	85
五	古树名木保护	一级古树名木	株	58
		二级古树名木	株	176
		三级古树名木	株	1569

资料来源：2023 年武汉市绿化状况公报。

武汉市城市园林绿化水平在全国属于中等水平，与国内先进城市相比有一定差距。

2022 年，武汉市公园分布均好度为 1.91。综合公园服务半径覆盖率为 79.78%，社区公园服务半径覆盖率为 67.27%，游园服务半径覆盖率为 44.09%。武汉市公园服务覆盖情况总体较好。

从空间分布上看，武汉市公园绿地面积分布由中心向外围辐射，面积逐渐增大，东湖生态旅游风景区占据最大份额，其次是临空港经济技术开发区和江夏区，其他区域如青

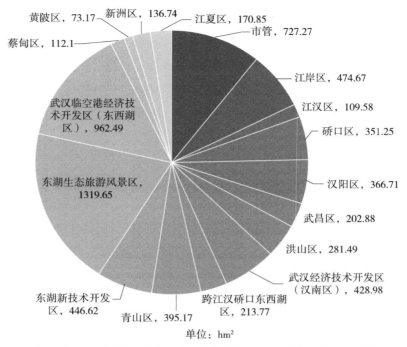

图5-3 武汉市主要城市公园（绿化广场）面积统计图（截至2022年）

山区和黄陂区的面积较小（图5-3）。

武汉市人均公园绿地面积超过 5m² 的区域占中心城区比例 57.80%，超过 10m² 的区域占中心城区比例 45.80%，超过 15m² 的区域占中心城区比例 38.48%，超过 20m² 的区域占中心城区比例 32.07%。与人口密度空间分布的态势相反，武汉市建成区范围内人均公园绿地面积空间分布呈现四周高中心低的总体特征。其中，建成区南北两侧地区人均公园绿地面积明显高于其他地区，这主要是由于武汉市南北两侧区域分布有大量湖泊湿地型公园绿地，且人口相对稀疏。

从目前武汉市建成城区的绿地现状来看，建成城区绿量已达到了国家园林城市标准。全市人均公园绿地面积、绿地率和绿化覆盖率分别从 2008 年的 9.15m²/人、32.13% 和 37.46% 提高到 2023 年的 15.0m²/人、40.07% 和 43.12%。城市绿地类型以附属绿地为主。

5.1.3 武汉市城市绿地系统概况

2003 年 12 月，武汉市人民政府正式批复《武汉市城市绿地系统规划（2003—2020 年）》，该规划总体上采用"两轴一环、六片六楔和网络化"的绿地空间布局框架。随后在 2011 年，武汉市完成了《武汉市生态框架保护规划》，该规划从城市圈区域层面入手，依托城市圈的"两山两水一片"生态大格局，在市域层面实施"两轴两环、六楔多廊"的生态框架结构，并提出了打破市域行政界限，构建"内引外联"的片状生态外环的构想。为了实现这个目标，在城市生态骨架中加入"多廊"的构筑，即在不同的生态绿楔之间，或运用天然的水网，或与山地相结合，以"绿廊"为纽带联系不同生态基底。由此进一步推动了武汉以"环—楔—廊—轴"为特点的网络化生态格局的形成，加深了"两轴两环、六楔多廊"的全域生态框架结构[①]（图5-4~图5-6）。

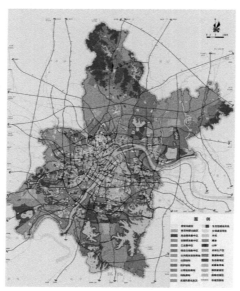

图5-4 武汉市城市总体规划图

资料来源：《2018武汉市城乡与国土规划图集》

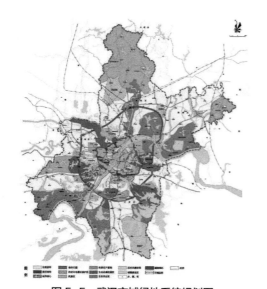

图5-5 武汉市域绿地系统规划图

资料来源：《武汉市城市绿地系统规划（2003—2020年）》

图5-6 武汉市生态框架结构图

资料来源：《武汉市新型城镇化规划（2014—2020年）》

---

① 刘菁.武汉园林绿地与生态空间70年规划历程[J].城乡规划，2019（5）：94-102.

5.1.4　武汉市城市绿地规划

　　《武汉市园林和林业发展"十四五"规划（2021—2025年）》提出，"持续锚固'两轴两环、六楔多廊、北峰南泽'的生态框架，围绕'主城做优、四幅做强、城乡一体、融合发展'的空间发展格局，形成'一心两轴、两环六楔、多廊外圈'空间布局"。其中"一心"指东湖生态绿心；"两轴"指山水十字轴，打造"白沙洲—天兴洲"沿江、"九真山—九峰山"东西山系"双百里生态人文长廊"；"两环"即三环线、外环线生态带公园群，三环线城市公园群、外环线生态林带郊野公园群；"六楔"指武汉市六大绿楔，即武湖、府河、后官湖、青菱湖、汤逊湖、大东湖六大绿楔复合型郊野公园群；"多廊"为六环线和多条射线生态廊道，打造六环线高品质生态廊道、景观走廊和多条沿河流、铁路、城市快速路、高速公路的绿色生态廊道；"外圈"指外围生态圈，建设大别山余脉、幕阜山南北两翼山群及梁子湖等生态圈（图5-7）。

5.1.5　武汉市绿地系统的布局特征

　　武汉市城市绿地系统布局分为市域、中心城区以及市辖区三个层次：市域是大型生态功能绿地的布局，主要为风景区、郊野公园及生态农业重点园、自然保护区、森林公园，强调市域绿地的系统性、生态稳定性及旅游休闲功能；中心城区强调人文色彩，实现人与自然的和谐统一，提倡绿色人居环境，主要展现武汉市湖光山水特色和绿色生态宜居

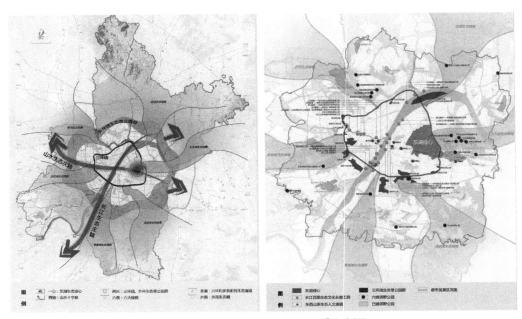

图 5-7　武汉市城市绿地"十四五"规划图

资料来源：《武汉市园林和林业发展"十四五"规划（2021—2025年）》

的环境；市辖区重点是六大新城组群和重点镇的绿地布局，确保通过六个水系生态绿楔达到城乡绿化空间的交融与有机渗透。

5.1.5.1　市域大型功能绿地布局

完善东湖、木兰山、道观河、龙泉山、索河、柏泉等处风景区，保护沉湖、涨渡湖、梁子湖、斧头湖、鲁湖等处自然湿地自然保护区，建设九峰、九真山、嵩阳、将军山、青龙山、素山寺等处森林公园，建设汤逊湖、后官湖、金银湖、后湖、天兴洲、硃山湖等处郊野公园和武湖生态农业园，强化对市域自然山体的保护和绿化工作。从空间分布来看，大型功能绿地分布为集中分散并网状交错，初步形成生态绿地网格。

5.1.5.2　中心城区绿地系统空间布局

武昌、汉阳和汉口的绿心分别是东湖风景区、墨水湖风景区和解放公园等公园景区，绿化环线为内外两环，内环是二环路附近的低密度区，外环为绕城绿化防护带；六条楔形绿地为绿化放射形长廊连通市域和都市发展区，让绿道、绿带、绿廊有机整合，与环线的框架结构无缝融合，共同构成环形放射的绿地框架系统。

5.1.5.3　市辖区绿地布局

以大东湖、汤逊湖、黄陂后湖、汉阳后官湖为市辖区四大城市绿心，以深入主城的风景区、森林公园、湖泊、郊野公园、湿地形成六条放射状性楔形绿地。利用三环线绿带、汉水隔离带、府河隔离带及若干城市组团隔离带，将三环线和外环公路之间的汤逊湖、后官湖、金银湖、龙泉山、后湖、天兴洲、严西湖、九峰山、青龙山等有机连通，构成城市绿环，形成环状 + 放射性框架结构，构建生态绿地网络的主环道。

5.2　城市绿地系统的分类和布局特征研究

5.2.1　以景观生态学为基础的城市绿地系统分类

景观生态学认为一个城市本身可以看作一个景观。按照"基质—斑块—廊道"模式，它是由内部不同规模性质的基质（Matrix）、斑块（Patch）、廊道（Corridor）三种景观结构成分构成的。其中城市绿地系统是城市景观的一部分，建立合理的城市生态系统就是优化城市景观要素的比例构成，建立各景观要素之间的有效联系。

景观基质是在由多种类型的景观要素构成的异质性地域中，面积最大、连接度最高、对景观功能的控制作用最强的景观要素。城市绿地景观基质是指城市中绿地以外的广大区域。从物质形态上说，城市绿地景观基质主要是人工元素，由建筑物、构筑物、道路、铺装等构成。城市绿地景观基质按其用地性质可分为工业区、仓储区、居住区、行政区、商业区等。

斑块是景观中内部属性，结构、功能、外貌特征相对一致，与周围景观要素有明显区别的块状空间地域实体或地段。城市绿地斑块主要是由公园绿地、附属绿地、防护绿地、广场用地和区域绿地等形成的具有一定面积的地块，分布于以街道和街区为本底的城市景观的各个部分中，并以较清晰的边缘与包围它的异质性景观相区别。这些斑块可以改善、美化环境，为居民提供游憩的场所，也是城市生态中大多数生物的栖息地和庇护所，具有较高的生物多样性。

廊道是斑块的一种特殊形式，是指与两边的景观要素或基质有显著区别的带状地段。廊道可以是孤立的，也可以与某种类型斑块相连接；可以是天然的，也可以是人工的。城市绿地廊道主要是以交通为目的的公路、街道、铁路旁的绿化形成的绿道以及沿着水系、高压走廊进行绿化形成的水路、绿路等廊道。这些廊道体系，一方面起到通风的作用，另一方面起着联系大、中、小斑块的作用，使城市绿地具有良好的连接度、形成连续的体系和网络结构，为城市提供氧气库和舒适的外部游憩空间。同时每种廊道都有一定的宽度，通常廊道的生态效益大小也是随着廊道宽度的不同而变化。一般绿廊间的间距以 2~3km 为宜。

除按照基质、斑块、廊道对景观要素进行分类外，城市绿地景观还可按照斑块大小、形状、面积等进行分类。

5.2.2　武汉城市绿地系统的分类和构成分析

城市绿地景观格局是不同类型、不同大小、不同形状绿地斑块（生态系统）在空间上构成的镶嵌体。而分析城市绿地系统的前提之一是分析景观格局，分析景观格局的前提则是对景观的分类，景观分类原则如下。①景观功能与生态过程一致性原则：任何景观都有一定的结构和功能。同一类型的绿地景观具有相似的景观结构和功能，因而具有相同的景观特征。②形态结构相似性原则：不同的绿地景观类型具有不同的形态结构和空间分异，形态结构是绿地景观类型分类的外在表现形式，具体体现了景观异质性。景观生态学认为景观是由一组以相似方式重复出现的相互作用的生态系统组成的异质性区域。这些生态系统（斑块）内部是相对均质的，即其内部的组成和结构具有相对的一致性。景观分类即将具有显著异质性的部分确定为不同的景观要素类型（或单元），而将相对均质的部分确定为相同的景观要素类型。③实用性原则：景观分类要便于景观生态学研究的开展，因此既要保证划分的类型有确定的内涵，又要满足进一步研究的需要。

　　根据以上原则，笔者对武汉市绿地系统分别进行斑块规模、斑块形态两种方法的景观分类。

5.2.2.1　城市绿地系统分类方法

　　（1）按绿地斑块规模分类

　　由于斑块大小影响斑块内部生境面积和边缘面积的关系，进而对以某种景观要素斑块为栖息地的物种种群数量和生态过程产生影响。在城市生态系统中，大型的绿色斑块作为城市的绿心，不仅具有多种生态功能，而且为景观带来许多益处。小型的绿色斑块则可以改善城市景观的视觉功能，提高城市景观的异质性（胡勇，赵媛，2004），并可作为物种流的临时栖息地和避难所。小型斑块可以为景观带来大型斑块所不具备的一些好处，应当看作是大型绿色斑块的补充，但不能取而代之。因此，从城市景观优化结构模式出发，结合武汉市绿化特点，笔者将武汉城市绿地系统按面积大小分为小型绿地（斑块面积 $0\sim0.1hm^2$）、中型绿地（斑块面积 $0.1\sim0.5hm^2$）、大型绿地（斑块面积 $0.5\sim1.0hm^2$）、特大型绿地（斑块面积 $>1.0hm^2$）四种类型。

　　（2）按绿地斑块形态分类

　　城市中绿地和水体的调节作用并不限于其边界范围之内，对周边一定范围内的环境状态也具有某种程度的影响力，可称为边缘效应。这种影响作用的程度因源地空间几何形态的差异而有所不同。较为紧凑的几何形态，其"周长/面积"的比值较小；生态源地的边界线较短，对周围环境的影响范围也有限。相对舒展的几何形态，"周长/面积"的比值会增加，与周围环境交接作用的范围也会增大。因此，在斑块面积相同的条件下，源地空间展布形态不同，其产生的作用效果就有所不同。当然，随着"周长/面积"比值的增加，源地对外缘影响的强度也会减弱。因此，绿地实际的影响范围由源地的展布形态及其强度两种因素共同决定。但一般来说，生态源地的几何形态越复杂，伸展的幅度越大，其对环境的贡献作用就可能越大。因此，从景观生态学的角度出发，依据自然分类法（计算机按斑块形状指数自动分类），笔者将武汉市绿地系统按形状指数大小分为块状绿地（斑块形状指数 $0\sim1.62$）、带状绿地（斑块形状指数 $1.62\sim2.77$）、线状绿地（斑块形状指数 >2.77）三种类型。

5.2.2.2　武汉城市绿地系统的构成分析

　　武汉市中心城区内各类绿地的构成情况，包括绿地景观类型数目、每类绿地景观斑块数量、各类绿地景观斑块的面积及面积比例等，这类指标可以从量上反映武汉市中心城区绿地系统的基本现状，这也是传统上衡量一个城市绿化质量的重要指标。

武汉市中心城区范围内附属绿地面积最大，几乎占中心城区绿地总面积的 2/3；斑块数量多、分布零散。而公园绿地和以生态用地为主的其他绿地占比分别为 15.04% 和 6.41%。位于武汉市长江以北的江岸、江汉、硚口三个老城区，具有较为接近的开发强度和城镇化水平，区内绿地以公园绿地、附属绿地和防护绿为主，而广场用地和区域绿地较少。各个绿地景观类型的面积和构成比例比较接近，绿化覆盖率也比较接近，分别为 28.70%、27.02%、22.25%。共同表现为绿地总量不足，公园绿地严重缺乏，绿地景观类型分配较平均。在汉阳区内有公园绿地、防护绿地、附属绿地、广场用地较少。绿化覆盖率为 27.79%。汉阳区建设较晚，属于旅游大区，整体绿化效果较好。青山区的绿地类型主要为公园绿地、防护绿地、附属绿地和区域绿地，其中广场用地较少，青山区情况比较特殊，既不像汉口有悠久的商业文化，也不像武昌有多样而迥异的小核心区，青山区的用地功能比较单一。几乎可以说是除了住宅就是工厂，商业、教育、文化用地较少。青山区作为早年武汉市的重工业城区和国家重要的钢铁生产基地，规划较为合理，绿化覆盖率为 32.72%，绿化基础较好，是武汉市首个园林城区。青山区内铁路交通比较多，因此防护绿地在青山区所占面积比例最大，主要是沿货运铁路的防护隔离带。洪山区是以城带郊为主的新城区，区内五种绿地类型均有分布。洪山区绿地面积最大，绿化覆盖率达 47.20%。其中公园绿地、附属绿地、区域绿地的面积是武汉市所有行政区中最高的。马鞍山森林公园、磨山植物园、东湖风景区大部分风景林地也分布于此区，同时武汉市的许多高校都位于洪山区，附属绿地面积大，绿化基础好。区内还存在一定量的城市预留地，具有较大的增绿空间。但防护绿地在洪山区内最少，这主要由其地理位置决定的。武昌区建立较早，在长江以南，属于老城区，五种绿地类型在该区均有分布，绿化覆盖率为 30.98%。武昌区较江岸、江汉、硚口等老城区的绿化水平较高。

（1）按绿地斑块规模分类的绿地系统构成分析

1）武汉市中心城区绿地系统构成分析

按照绿地斑块规模分类所建立的武汉城市绿地系统中（表5-2），特大型绿地斑块面积 4865.72hm^2，占绿地总面积的 53.73%，斑块数量 1083 个，占绿地斑块总数的 1.91%；大型绿地面积 885.27hm^2，占绿地总面积的 9.77%，斑块的数量 1286 个，占绿地斑块总数的 2.27%；中型绿地面积 1945.26hm^2，占绿地总面积的 21.48%，斑块数量 9286 个，占绿地斑块总数的 16.38%；小型绿地面积 1359.99hm^2，占绿地总面积的 15.02%，斑块数量 45029 个，占绿地斑块总数的 79.76%。

斑块特征		小型绿地	中型绿地	大型绿地	特大型绿地	总计
江岸区	S（hm²）	150.86	198.91	69.48	381.13	800.38
	P（%）	18.85	24.85	8.68	47.62	100
	N	5268	952	101	94	6415
	M（%）	82.12	14.84	1.57	1.47	100
江汉区	S（hm²）	112.79	139.78	52.06	318.3	622.93
	P（%）	18.11	22.44	8.36	51.09	100
	N	3713	682	73	78	4546
	M（%）	81.68	15.00	1.60	1.72	100
硚口区	S（hm²）	133.66	178.6	70.19	231.67	614.12
	P（%）	21.76	29.08	11.43	37.72	100
	N	4776	895	100	66	5837
	M（%）	81.82	15.33	1.71	1.13	100
汉阳区	S（hm²）	143.23	170.12	73.12	380.33	766.81
	P（%）	18.68	22.19	9.53	49.60	100
	N	5016	824	107	102	6049
	M（%）	82.92	13.62	1.77	1.69	100
青山区	S（hm²）	257.31	441.73	217.39	707.50	1623.93
	P（%）	15.84	27.20	13.39	43.57	100
	N	7721	2080	318	218	10337
	M（%）	74.69	20.12	3.08	2.11	100
洪山区	S（hm²）	225.5	412.62	216.34	1960.50	2814.96
	P（%）	8.01	14.66	7.69	69.65	100
	N	6454	1888	315	320	8977
	M（%）	71.90	21.03	3.51	3.56	100
武昌区	S（hm²）	336.64	403.5	186.68	886.29	1813.11
	P（%）	18.57	22.25	10.30	48.88	100
	N	12081	1965	272	205	14523
	M（%）	83.19	13.53	1.87	1.41	18.86
中心城区	S（hm²）	1359.99	1945.26	885.27	4865.72	9056.24
	P（%）	15.02	21.48	9.77	53.73	100
	N	45029	9286	1286	1083	56684
	M（%）	79.76	16.38	2.27	1.91	100

注：S：面积（hm²），P：面积百分比，N：斑块数量，M：斑块数量百分比。

资料来源：《2022年武汉市绿化状况公报》

可见，武汉市中心城区特大型绿地斑块数量仅占绿地斑块总数的 1.91%，而面积占绿地总面积 53.73%。它们主要是东湖风景区、武汉动物园、解放公园、中山公园、汉口五湖公园、紫阳公园、龟山公园、和平公园、青山公园、汤湖公园、中国科学院武汉植物园、马鞍山森林公园等市区级综合公园、专类公园和居住区级公园，合计 138 个。区域绿地和附属用地几乎全部是特大型或大型绿地，还有部分防护绿地和附属绿地。小型绿地斑块面积占绿地总面积的 15.02%，但其斑块数量却占到绿地斑块总数的 79.76%，它们数量多且分布广泛。主要分布在居住区、单位和道路两侧（图 5-8）。因此，武汉市中心

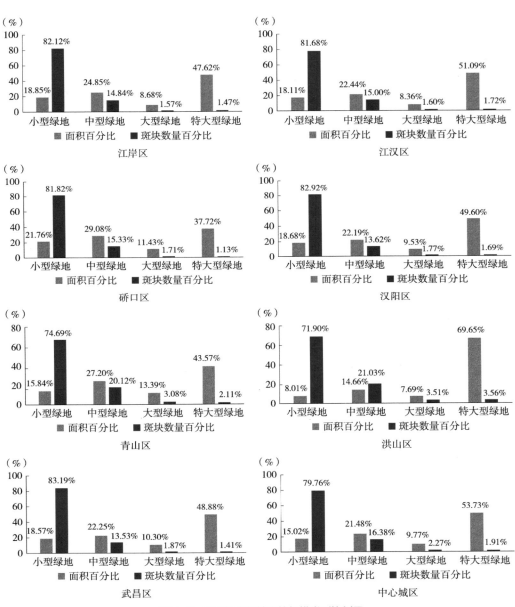

图 5-8　武汉城市绿地斑块规模类型比例图

城区绿地两极分化现象很严重，相对于特大型斑块，大型、小型绿地斑块面积显得不足。中、小型绿地斑块与人们生活息息相关，对于武汉这样中心城区建筑密度高、用地紧张的城市，绿化部门应该有计划地开辟小型、中型绿地斑块，满足城市居民的需要。

2）绿地规模斑块的区域分布

在斑块面积构成上，7个区均有特大型绿地斑块、大型绿地斑块、中型绿地斑块和小型绿地斑块分布，而且特大型绿地面积在各个区中都占有绝对优势。特大型绿地在洪山区面积最大，为1960.50hm²；在硚口区最小，为231.67hm²。小型绿地在江汉区面积最小，为112.79hm²；在武昌区最大，为336.64hm²。大型绿地在各区中分布普遍较少。各类绿地在青山区分布最为平衡。

（2）按绿地斑块形态分类的绿地系统构成

1）武汉市中心城区绿地系统构成分析

在绿地斑块的形态分类建立的武汉城市绿地系统中（表5-3），块状绿地面积2989.62hm²，占绿地总面积的33.01%；块状绿地斑块数量39656个，占绿地斑块总数的69.96%；带状绿地面积4134.28hm²，占绿地总面积的45.65%；带状绿地斑块数量14378个，占绿地斑块总数的25.37%；线状绿地面积1932.31hm²，占绿地总面积的21.34%；线状绿地斑块数量2650个，占绿地斑块总数的4.68%。

按绿地斑块形态分类武汉城市绿地景观构成表　　　　　表5-3

斑块特征		块状绿地	带状绿地	线状绿地	总计
江岸区	S（hm²）	354.31	318.92	127.12	800.38
	P（%）	44.27	39.85	15.88	100
	N（个）	4977	1291	147	6415
	M（%）	77.58	20.12	2.29	100
江汉区	S（hm²）	312.27	240.88	69.78	622.93
	P（%）	50.13	38.67	11.20	100
	N（个）	3266	1120	160	4546
	M（%）	71.84	24.64	3.52	100
硚口区	S（hm²）	241.67	232.84	139.65	614.12
	P（%）	39.35	37.91	22.74	100
	N（个）	4255	1383	199	5837
	M（%）	72.90	23.69	3.41	100
汉阳区	S（hm²）	336.05	328.14	102.61	766.81
	P（%）	43.82	42.79	13.38	100
	N（个）	4409	1477	163	6049
	M（%）	72.89	24.42	2.69	100

斑块特征		块状绿地	带状绿地	线状绿地	总计
青山区	S（hm^2）	458.79	657.42	507.67	1623.93
	P（%）	28.25	40.48	31.26	100
	N（个）	6004	3367	966	10337
	M（%）	58.08	32.57	9.35	100
洪山区	S（hm^2）	688.73	1547.64	578.58	2814.95
	P（%）	24.47	54.98	20.55	100
	N（个）	5512	2812	653	8977
	M（%）	61.40	31.32	7.27	100
武昌区	S（hm^2）	597.80	808.44	406.9	1813.11
	P（%）	32.97	44.59	22.44	100
	N（个）	11233	2928	362	14523
	M（%）	77.35	20.16	2.49	100
中心城区	S（hm^2）	2989.62	4134.28	1932.31	9056.24
	P（%）	33.01	45.65	21.34	100
	N（个）	39656	14378	2650	56684
	M（%）	69.96	25.37	4.68	100

注：S，P，N，M 同表 5-2。
资料来源：《2022 年武汉市绿化状况公报》

由此可见，在绿地斑块形态上，武汉市中心城区内块状绿地面积占绿地总面积的 33.01%，而斑块数量占绿地斑块总数的 69.96%。块状绿地斑块的平均面积小，缺乏大面积的绿地斑块。带状绿地面积 4134.28hm^2，占绿地总面积的 45.65%；带状绿地斑块数量 14378 个，占绿地总斑块数的 25.37%。带状绿地的平均面积相对于块状绿地平均面积大。斑块的整体水平较块状绿地好，主要分布在汉江和长江沿岸、铁路干线两侧，以及居住区、单位内的游园等。线状绿地面积 1932.31hm^2，占绿地总面积的 21.34%，斑块数仅 2650 个，与块状绿地和带状绿地相比，斑块数量显得严重不足。线状绿地主要是道路绿地，此外还有一定数量的防护绿地。因此绿化部门应该加强线状绿地的建设，以便为动植物的迁移和传播提供有效通道，以达到块状、带状、线状绿地的比例平衡。

2）绿地斑块的区域分布

武汉市中心城区范围内 7 个区的绿地在形态构成上均有块状绿地、带状线地、线状绿地分布（图 5-9）。块状绿地的数量在各区中都占有绝对优势，武昌区中块状绿地的斑块数量最多，达 11233 个；江汉区中块状绿地的斑块数量最少，为 3266 个。线状绿地在面积和数量上在各区均较小。带状绿地处于劣势，带状绿地以洪山区分布面积最大，为

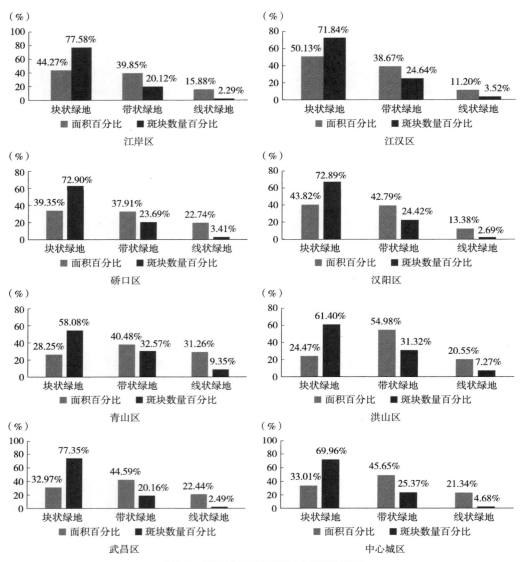

图5-9　武汉城市绿地斑块形态类型比例图

1547.64hm²；而在武昌区分布数量最多，为2928个。各类绿地在青山区分布最为平衡。

因此，从整体上看武汉市中心城区范围内公园绿地总体面积显得不足，仅占武汉市绿地总面积的15.04%。斑块数量严重缺乏，仅占武汉市绿地斑块总数的0.83%，可达性低。公园绿地在武汉市中心城区范围内呈块状、带状分布，面积以特大型、中型绿地为主，缺乏大型绿地斑块，形状简单，缺乏街旁游园、线状公园等。附属绿地的整体绿化水平较高。但绿地斑块数量过多，主要由小面积的斑块构成，分布零散，形状简单。武汉市是沿江城市，汉江、长江在武汉市内穿城而过，而且武汉市是中国的铁路枢纽，交通发达，因此防护绿地的面积和分布在武汉市显得相当重要。防护绿地总体面积严重不足，主要沿长江、汉江和铁路干线呈带状分布，由中型、小型绿地斑块构成，特大型、大型绿地斑块缺乏，没有形成大面积的防护林带。附属绿地由大面积的绿地斑块构成，呈块状、带状分布在中心城区内。主要是马鞍山森林公园、武汉园林场、磨山植物园直属队等为城市绿化提供苗木的苗圃、花圃等。其他绿地面积占绿地总面积的 6.41%，斑块数量最少，由面积较大的山体构成，呈块状、带状分布。如毕家山、喻家山、风筝山、傅家山、斧头山、南望山、风梦山、牛头山等。

武汉市中心城区涉及 7 个行政区，各个区所处的地理位置不同，发展历史和经济文化状况各异，各城区的建成面积和城镇化程度差异很大，导致不同城区的绿地景观构成的情况差异也很大。各区的综合性公园、专类公园以及社区公园等绿地以特大型、大型绿地斑块为主，呈块状、带状分布于各区，线状公园绿地很少。街旁游园主要是中型、小型绿地，以块状分布为主。防护绿地主要由中型、小型绿地斑块构成，呈带状分布，少量块状分布。其他绿地由大型绿地斑块构成，呈带状分布。附属绿地基本由特大型绿地斑块构成，呈块状分布，主要由块状绿地、带状绿地构成，其中居住区、单位的道路绿地是呈线状分布。附属绿地面积在各区中差异较大，主要由小型绿地斑块构成，部分由中型绿地斑块构成。各区都存在公园绿地缺乏，附属绿地分布零散，各绿地斑块形状过于简单，特大型绿地与大型、中型、小型绿地分布不均衡等问题。此外还有老城区人口密度大、建筑集中、绿量低等问题。

5.3　武汉市域城市绿地系统评价分析

城市绿地是城市生态系统的组成部分，具有重要的生态功能。武汉市域绿地系统评价具有重要的作用，不仅可以在宏观规划方面对城市的发展进行优化和调整，也可以提高城市的生态安全水平。宏观规划方面，对武汉市进行市域绿地系统规划评价可以为城市的宏观规划提供科学依据。通过评价分析城市绿地的类型、布局、面积等因素，可以了解城市绿地的空间分布和区域差异，为城市宏观规划提供指导，进一步优化城市空间结构，提高城市发展的质量和效率。城市生态安全方面，武汉市域绿地系统规划评价分析在城市生态建设和生态保护方面具有重要作用。通过评价分析不同区域城市绿地的状况和发展需要，可以制定相应的城市绿地规划，优化城市生态环境和资源配置，提高城市生态安全水平。基于此，本研究从生态功能、社会经济效益和景观效益三个方面，对武汉市域城市绿地系统的发展状况进行了全面评估和深入分析。

5.3.1 生态功能评价指标

5.3.1.1 碳氧平衡指数

由于武汉市域城市绿地总面积数据较为匮乏，本研究依据 2022 年武汉市统计年鉴中武汉市中心城区绿地面积以及《武汉市园林和林业发展"十四五"规划（2021—2025 年）》中目标年武汉市森林覆盖率，综合各项数据得到武汉市域绿地总面积约为 160029.34hm²；后文有关市域绿地总面积以此为计算数据。2022 年武汉市统计年鉴中武汉市全市常住人口为 1364.89 万人，按照成年人人均每日排出二氧化碳 0.9kg，吸收氧气 0.75kg，绿地单位面积年均固碳量水平为 6.35t/（hm²·a），释氧量水平为 22.63t/（hm²·a）来计算，武汉市常住人口年排放二氧化碳量 4483663.65t，耗氧量 3736386.46t；武汉市域城市绿地每年固碳量可达 1016186.31t，释氧量可达 3621463.96t。则武汉市域城市绿地平均每年可以吸收城市人口 22.66% 的碳排放，提供其所需氧气的 96.92%。此估算方法尚未统计人口分布与流动人口的数量，以及森林覆盖区域产生的氧气对于城市中心城区的作用功率，故计算数额与实际数额会有出入，参考其他城市相关研究结果并分析对照指标评价表，可以认为武汉市域城市绿地系统规划的碳氧平衡指标达到了Ⅱ级，评分 7 分。

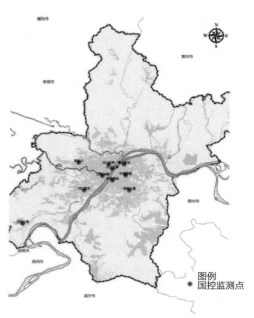

5.3.1.2 空气质量指数

空气质量指数指标的数据来源于武汉市生态环境局所发布的《2022 年武汉市生态环境状况公报》中（图 5-10），2022 年全市环境空气质量优良天数 294 天（优 86 天，良 208 天，轻度污染 59 天，中度污染 11 天，重度污染 1 天），空气质量优良率 80.5%。根据评级标准，评定武汉市域空气质量指数等级为Ⅱ级，评分 7 分。

图 5-10 武汉市环境空气质量国控监测点位分布图

5.3.2 社会经济效益指标

5.3.2.1 释氧固碳价值

根据前文计算可得武汉市域城市绿地每年固碳量可达 1016186.31t，释氧量可达

3621463.96t。将数据带入释氧固碳经济价值的计算公式可得到武汉市域城市绿地系统每年释氧经济价值为 54.54 亿元，每年固碳经济价值为 12.19 亿元。综合其他城市每年释氧固碳价值及查询评价表，确定本指标评定等级为 I 级，评分 9 分。

5.3.2.2 滞尘价值

武汉市域范围绿地总面积为 160029.34hm²，城市绿地年平均滞尘能力为 10.9t/hm²，城市绿地的滞尘费用为 170 元/t，通过将这些数据代入滞尘降尘价值计算公式，可以得出武汉市中心城区城市绿地系统每年可降尘 1744319.81t，从而为城市绿地系统节省 2.96 亿元防尘费用。基于以上数据分析，可将武汉市中心城区城市绿地系统的滞尘指数水平评为 I 级，评分 9 分。

5.3.3 景观效益评价指标

5.3.3.1 斑块破碎化指数

通过整理收集并计算武汉市绿地斑块，得到武汉市域绿地斑块数量共计 4526 块，面积合计 160029.34hm²。代入公式并计算得到武汉市域范围内绿地斑块破碎度为 0.03。武汉市域范围内绿地斑块破碎度较低这一现象可归纳于以下三点：①武汉市的森林资源较丰富。森林资源丰富意味着城市内部绿地分布较为均匀，且不易被开发破坏，从而降低了城市绿地斑块破碎度。②武汉市的生态环境保护较好。城镇化进程中武汉市注重生态环境保护，采取了积极有效的措施控制城市发展速度和城市建设强度，保持了相对稳定的发展态势。同时，武汉市下大力气加强城市环境保护工作，着力改善环境质量、增加绿化覆盖率、优化生态系统保护，推进低碳城市建设。这些措施的实施都有助于提高城市绿地斑块的连通性和完整性，减少城市绿地斑块破碎程度。③武汉市除中心城区外，对城市绿地开发强度较低。作为湖北省省会，武汉市整体经济发展较快，但除了中心城区外，其他区域对城市绿地的开发强度相对较低，这有助于保持城市绿地的完整性和稳定性。同时，在城市规划和设计中，也注重了绿地连通性的考虑与规划，保证城市内部绿道系统的畅通，降低了城市绿地斑块破碎度。

参考其他城市相对水平，对照评级分级标准，最终评定武汉市域范围内绿地斑块破碎度等级为 I 级，评分 9 分。

5.3.3.2 森林覆盖率

根据武汉市园林和林业局发布的《2022 年武汉市绿化状况公报》，武汉市域范围内的森林面积 179.826 万亩（合 1198.84km²），森林蓄积量 840.87 万 m³，但森林覆盖率（动态检测）仅为 14.74%。这一数值不仅低于当时我国的森林覆盖率 24.02%，而且在同等城市中处于中等偏下水平。

　　基于上述数据，对武汉市域范围内的森林覆盖等级进行评估，可以将其评定为评价表中的 IV 级，评分 3 分。这一评分反映了武汉市在森林覆盖方面还有很大的提升空间，需要进一步加强绿化建设和保护工作，以提升森林覆盖率并改善生态环境。

5.4　武汉市中心城区城市绿地系统评价分析

　　对于武汉市中心城区城市绿地系统现状的评价工作，不仅可以全面了解武汉市城市绿地建设的实际情况，获取直观客观的认识反馈，还可以更好地指导武汉市国土空间规划的工作建设、推进武汉市城市更新、促进武汉市城市绿地建设的发展与认知，充分发挥联结功能、进一步健全和发展城市绿化建设的机制提供有力支持。在此基础上，结合本研究所构建的城市绿地系统的评价指标体系，从生态功能、社会经济效益、景观效益、空间结构、防灾避险等五个方面，对武汉市中心城区的城市绿地系统的发展状况进行了全面评估和深入分析。

5.4.1　生态功能评价指标

5.4.1.1　碳氧平衡指数

　　由于武汉市中心城区城市各类绿地总面积数据较为匮乏，本研究依据高德地图开放平台获取武汉市中心城区城市绿地 AOI 兴趣面数据，导入 ArcGIS 平台进行数据整理统计，辅以参考 2022 年及 2021 年武汉市统计年鉴中武汉市建成区绿地面积、人均公园绿地面积；2021 年武汉市各区统计年鉴与国民经济和社会发展统计公报以及《武汉市城市绿地系统规划（2003—2020 年）》中的中心城区绿地规划指标汇总表（2020年），综合各项数据得到武汉市中心城区各类绿地总面积约为 23066.495hm^2，中心城区常住人口为 789.5 万人。武汉市中心城区常住人口年排放二氧化碳量 2593507.5t，耗氧量 2161256.3t；武汉市中心城区城市绿地每年固碳量可达 201370.5t，释氧量可达 536757.3t。则武汉市中心城区城市绿地平均每年可以吸收城市人口 7.8% 的碳排放，提供其所需氧气的 24.8%。但是，这种估算方法将各类绿地中的水体、广场等面积也纳入其中，因此计算数额与实际数额会有部分出入，参考其他城市相关研究结果并分析对照指标评价表，可以认为武汉市中心城区城市绿地系统的碳氧平衡指标为V级，评分1分。

5.4.1.2 降温增湿指数

在武汉市城市绿地系统规划方案中，树种的规划倚重于武汉市丰富的树种资源。目标年份旨在达到500种以上的城市绿化树种，其中本地乡土树种占比80%以上。在树种组合方面，常绿林和落叶林的比例为4：6。乔木和灌木丛的配比为1：8。在选择园林基调树种时，阔叶树种占比达到70%，以进一步增强城市绿化植物的降温和增湿功能。

绿化覆盖率的数据收集与整理上，本研究数据主要采用武汉市中心城区各辖区2021年年鉴与国民经济和社会发展统计公报中公布的各区的建成区绿化覆盖率与绿化覆盖面积数据，辅以Photoshop软件对武汉市中心城区卫星影像图进行像素点的收集计算得出的数据。综合得到武汉市中心城区绿化覆盖率为49.10%（图5-11）。

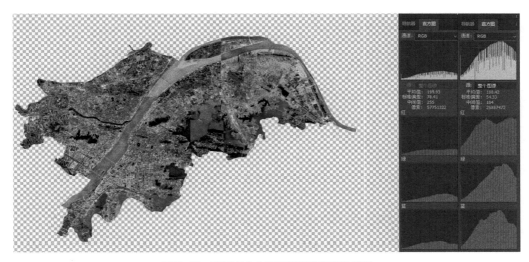

图5-11　武汉市中心城区绿化覆盖率分析图

降温增湿影响范围的数据获取中，本研究借助百度地图数据平台获取武汉市中心城区建筑数据，借助高德地图平台以及大众点评等数据平台综合获取武汉市中心城区城市绿地数据。将武汉市中心城区城市绿地进行缓冲区处理，缓冲区距离依据相关研究设置为100m，意在表达受到城市绿地降温增湿效果范围内的建筑区域占武汉市中心城区建筑区域的比例（图5-12），得到城市绿地降温增湿效果范围内的建筑区域数据量数值共3136，武汉市中心城区总建筑区域数据量数值为10011，武汉市中心城区绿地系统降温增湿影响范围为31.3%。

综合以上三方面因素，查询指标评价表，武汉市中心城区绿地系统的降温增温指数达到Ⅱ级标准，评分7分。

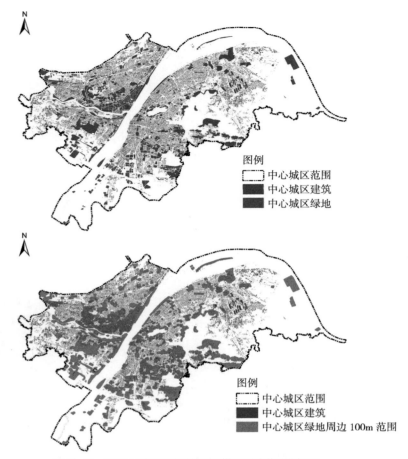

图 5-12　武汉市城市绿地系统降温增湿影响范围分析图

5.4.1.3　空气质量指数

本研究空气质量指数指标的数据来源于武汉市生态环境局收集的武汉市中心城区数据，选取空气质量日报，时间区间涵盖 2022 年；依据 AQI 指数级别、AQI 指数类别，整理得到 2022 年武汉市中心城区空气质量统计图（图 5-13）。

武汉市中心城区空气质量优良天数为 293 天，根据评级标准，评定等级为 Ⅱ 级，评分 7 分。

5.4.2　社会经济效益指标

5.4.2.1　释氧固碳价值

综合各项数据计算得到武汉市中心城区城市绿地每年释氧量可达 536757.3t，固碳量可达 201370.5t。将数据带入释氧固碳经济价值的计算公式可得到武汉市中心城区城

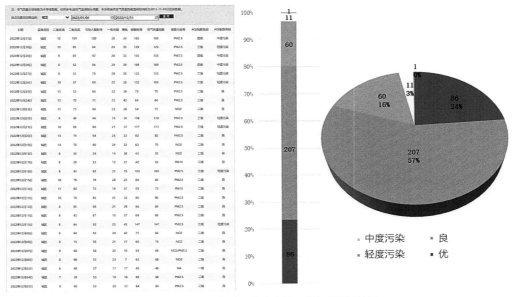

图 5-13　2022 年武汉市中心城区空气质量统计图
资料来源：武汉市生态环境局、作者绘制

市绿地每年释氧经济价值为 8.08 亿元，每年固碳经济价值为 2.42 亿元。综合其他城市每年释氧固碳价值及查询评价表，确定本指标评定等级为 II 级，评分 7 分。

5.4.2.2　滞尘价值

武汉市域绿地总面积为 160029.34hm²，城市绿地年平均滞尘能力为 10.9t/hm²，城市绿地的滞尘费用为 170 元 /t，通过将这些数据代入滞尘降尘价值计算公式，可以得出武汉市中心城区城市绿地系统每年可降尘 251424.8t，从而为城市绿地系统节省 4274.2 万元防尘费用。基于以上数据分析，可将武汉市中心城区城市绿地系统的滞尘指数水平评为 II 级，评分为 7 分。

5.4.2.3　城市园林绿化综合性评价

城市园林绿化功能性评价值、景观性评价值、文化性评价值及城市容貌评价均属于定性评价指标，故本研究对上述四个指标进行了统一的综合性评估以获得主观评价描述。由于城市绿地中防护绿地、附属绿地、区域绿地的主观性评价获取数据难、数据随机性大、样本准确精度低，故本调查问卷主要面向城市公园绿地中使用人群。发放问卷的地点选取了武汉市园林和林业局官网上统计的武汉市主要城市公园（绿化广场）中的 23 个城市公园，发放问卷的时间在 2022 年 3 月到 9 月。经过数据收集与统计得到武汉市城市园林绿化功能性评价、景观性评价、文化性评价及城市容貌评价值（表 5-4）。

区域	名称	功能性评价得分	景观性评价得分	文化性评价得分	城市容貌
江岸区	堤角公园	7.35	8.95	8.50	8.00
	解放公园	8.80	9.30	9.45	
	宝岛公园	7.20	7.50	7.35	
	汉口江滩公园	9.50	10.00	9.80	
江汉区	常青公园	8.00	7.50	6.30	7.45
	中山公园	9.50	8.90	8.30	
	西北湖绿化广场	5.50	4.80	3.20	
	王家墩公园	5.90	5.30	4.20	
硚口区	硚口公园	6.30	5.70	5.00	6.50
武昌区	紫阳公园	9.00	9.65	9.60	7.50
	黄鹤楼公园	9.70	10.00	10.00	
	沙湖公园	9.60	9.30	9.00	
	洪山公园	6.00	6.50	7.30	
	洪山广场	7.50	5.00	6.10	
汉阳区	汉阳公园	5.00	6.10	4.00	6.35
	龟山公园	9.50	10.00	9.75	
	月湖公园	9.30	9.75	9.80	
	汉阳江滩	9.40	10.00	8.95	
	琴台绿化广场	8.50	9.50	9.55	
青山区	青山公园	6.00	6.85	5.95	6.35
	戴家湖公园	7.35	7.25	5.00	
	天兴洲大桥公园	7.65	8.00	6.35	
洪山区	荷兰风情园	7.55	8.65	5.35	8.15
合计		180.10	184.50	168.80	50.30
各指标平均值		7.83	8.02	7.34	7.19

依据评价分级标准，得到武汉市城市园林绿化功能性评价、景观性评价、文化性评价及城市容貌评价的评级依次为Ⅲ、Ⅱ、Ⅲ、Ⅲ级；即武汉市中心城区城市园林绿化功能性一般、景观价值较高、文化价值一般、城市容貌一般；评分依次为 5 分、7 分、5 分、5 分。

5.4.3　景观效益评价指标

5.4.3.1　绿地可达性

武汉市中心城区城市绿地的可达性评价，为满足 15 分钟生活圈背景下城市居民对城市绿地供给的公平性要求，依据道路网络为基础对城市绿地进行可达性分析。本研究基于最小阻抗的可达性分析，从中心到所有目标的平均最小阻抗作为中心点的可达性值指数，搜索和测量从多个起点到多个目标的最小成本路径，并根据获得的结果和统计数据确定每个交通节点的可达性①。插值可视化采用反向距离加权法（IDW），获取武汉道路网的可达性分析（图5-14、图5-15）。

　　本研究将武汉市中心城区可达性范围分为五个层级，分别是可达性高区域（8分钟以下）、可达性较高区域（8~15分钟）、可达性一般区域（15~20分钟）、可达性较低区域（20~28分钟）、可达性低区域（28分钟以上）。统计计算结果，得到武汉市中心城区可达性高的城市绿地数据1051条，占总绿地面积的6%；可达性较高的城市绿地数据

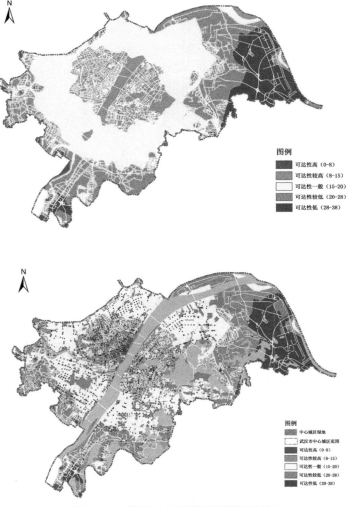

图5-14　武汉市中心城区城市绿地可达性图

① 张灵珠，崔敏榆，晴安蓝.高密度城市休憩用地（开放空间）可达性的人本视角评价——以香港为例[J].风景园林，2021，28（4）：34-39.

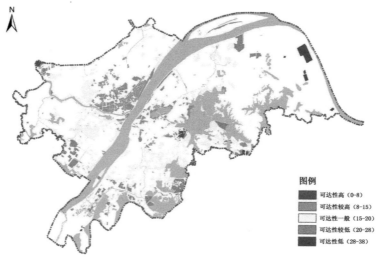

图5-14　武汉市中心城区城市绿地可达性图（续）

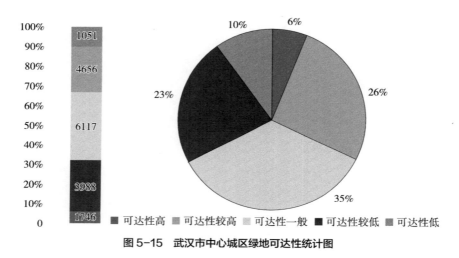

图5-15　武汉市中心城区绿地可达性统计图

4565条，占总绿地面积的26%；可达性一般的城市绿地数据6117条，占总绿地面积的35%；可达性较低的城市绿地数据3988条，占总绿地面积的23%；可达性较低的城市绿地数据1746条，占总绿地面积的10%。依此，在15分钟内可到达的城市绿地数据共5616条，占总绿地面积的32%。对照评级分级标准，处于30%~40%区间，评定等级为Ⅲ级，评分5分。

5.4.3.2　斑块破碎化指数

通过整理收集并计算武汉市中心城区各区绿地斑块得到武汉市中心城区绿地斑块数据共计2631块，面积合计9056.24hm²。代入公式并计算得到各区及中心城区的破碎度（表5-5）。

	武汉市中心城区景观破碎度		表 5-5
区域	绿地面积（hm²）	绿地斑块数量（个）	破碎度
汉阳区	766.80	149	0.19
洪山区	2814.95	1363	0.48
江岸区	800.35	235	0.29
江汉区	622.93	203	0.33
硚口区	614.16	239	0.39
青山区	1623.88	36	0.02
武昌区	1813.14	406	0.22
武汉市中心城区	9056.24	2631	0.29

在武汉市中心城区如洪山区、江汉区、硚口区，绿地景观的破碎度相对较高。这一现象归因于城市建设规模的持续扩大导致中心城区的绿地景观遭受蚕食和分割。这种影响使得绿地斑块的面积不断缩小，同时绿地建设主要依赖于"见缝插绿"的策略，进一步导致适宜城市生物居住的环境逐渐减少。这种状况不仅对城市绿化景观效果造成了影响，而且对城市生物多样性保护带来不利影响。但由于武汉市中心城区自然基底好，城市生境较优越，武汉市中心城区城市绿地破碎度为 0.29，绿地破碎化程度较低，参考其他城市相对水平，对照评级分级标准，最终评定等级为 II 级，评分 7 分。

5.4.3.3　绿地分布均匀度

在武汉市城市绿地分布均匀度的评价中，将城市绿地数据导入 ArcGIS 平台中，本研究选取 1000m×1000m 的方格为基础单元，使用渔网工具，通过创建渔网对武汉市中心城区绿地斑块进行分割（图 5-16）。

将 ArcGIS 中的分割数据导入 Excel 中，得到有效数据 547 条，分别进行每组城市绿地面积在总绿地面积的占比、每组网格面积在总网格面积的占比，每组城市绿地面积在

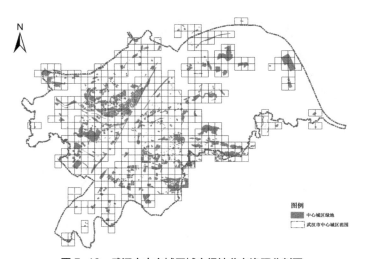

图 5-16　武汉市中心城区城市绿地分布渔网分割图

每组网格面积中的占比，以及每部分的累计占比；由此计算出相对应的 g、A、B 值，并绘制洛伦兹曲线图（图 5-17），以表达绿地分布的均匀程度。其中，绝对平均线和曲线所成弓形面积与三角形面积的比例来表示绿地分布的集中程度，比例越小则说明绿地分布越均匀，反之则说明分布区域比较集中。

经计算，武汉市中心城区绿地分布均匀度系数为 0.4692，对照评级分级标准，处于 $0.4 < g \leqslant 0.6$ 的区间，评定等级为 Ⅲ 级，评分 5 分。

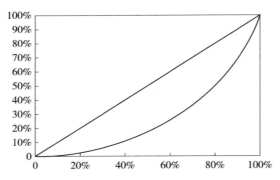

图 5-17　武汉市城市绿地分布均匀度洛伦茨曲线图

5.4.4　空间结构定量指标

5.4.4.1　中心城区绿化覆盖率

本指标数据来源自武汉市各区 2021 年、2022 年统计年鉴与 2021 年、2022 年国民经济和社会发展统计公报，详见表 5-6。

武汉市中心城区绿化覆盖率　　　　　　　　　　　表 5-6

区域	绿化覆盖面积（hm^2）	建成区总面积（hm^2）	绿化覆盖率
江岸区	3741.05	8028	46.60%
江汉区	945.09	2829	33.41%
硚口区	1398.09	4006	34.90%
汉阳区	2700.79	11154	24.21%
武昌区	2402.40	6458	37.20%
青山区	2076.26	5712	36.35%
洪山区	33634.34	57328	58.67%
武汉市中心城区	46898.02	95515	49.10%

可得武汉市中心城区绿化覆盖率为 49.10%，达到评价标准评价表中 I 级标准，评分 9 分。

5.4.4.2　中心城区绿地率

本指标数据来源自武汉市各区 2022 年、2021 年统计年鉴与 2022 年、2021 年国民经济和社会发展统计公报详见表 5-7。

武汉市中心城区绿地率　　　　　　　　　　　　　　表 5-7

区域	建成区绿地面积（hm²）	建成区总面积（hm²）	绿地率
江岸区	3383.80	8028	42.15%
江汉区	866.76	2829	30.64%
硚口区	1164.94	4006	29.08%
汉阳区	2892.60	11154	25.93%
武昌区	2291.22	6458	35.48%
青山区	1738.20	5712	30.43%
洪山区	25872.13	57328	45.13%
武汉市中心城区	38209.65	95515	40.00%

据表可得武汉市中心城区绿地率为 40.00%，达到评价标准评价表中 I 级标准，评分 9 分。

5.4.4.3　人均公园绿地面积

依据 2022 年武汉市统计年鉴、武汉市各区 2022 年、2021 年统计年鉴综合计算，得到武汉市人均公园绿地面积为 14.49m²/ 人，根据评价标准取值，评定级别为 I 级，得分 9 分。

5.4.4.4　万人拥有综合公园指数

依据武汉市园林和林业局 2022 年发布的信息，武汉市中心城区城市公园共 82 个，代入到计算公式中可得到武汉市万人拥有综合公园指数为 0.104，根据评价标准取值，评定级别为 I 级，得分 9 分。

5.4.4.5　公园绿地服务半径覆盖率

在公园绿地服务半径覆盖率这一指标中，居住用地研究数据来源于《武汉市城市总体规划（2010—2020 年）》与高德地图、百度地图等数据平台；公园绿地数据来源于大众点评、高德地图等数据平台。一般计算地理空间目标的影响范围或服务范围一般采用缓冲区分析。在基于 ArcGIS 平台的缓冲区分析中，一般将设施点对象 O_i 的缓冲区 B_i 定义为：

$$B_i = \{x : d\,(x,\,O_i\,) \leq R\}\,(d\ \text{是最小欧式距离})\qquad（公式 5-1）$$

依据《城市园林绿化评价标准》中要求，本研究将缓冲区距离为 500m（图 5-18）。经数据汇总统计，武汉市中心城区公园绿地 500m 服务范围覆盖居住用地为 16574.67hm^2，中心城区居住用地为 21189.02hm^2。最终得到武汉市中心城区公园绿地服务半径覆盖率为 78.22%。对照评价分级表可知武汉市中心城区公园绿地服务半径覆盖率处于 70%~80%，评定等级为Ⅲ级，评分 5 分。

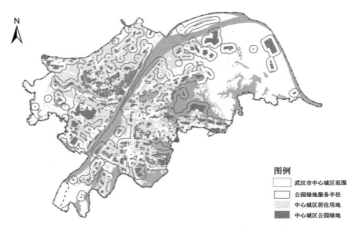

图例
☐ 武汉市中心城区范围
☐ 公园绿地服务半径
▨ 中心城区居住用地
■ 中心城区公园绿地

图 5-18　武汉市中心城区公园绿地服务半径图

5.4.4.6　古树名木保护率

武汉市人民政府早在 1999 年 8 月就颁布了《武汉市古树名木保护条例》，其中就要求古树名木行政主管部门对本行政区域内的古树名木进行调查登记，进行鉴定分级，建立档案，设立标志，划定保护范围，制定保护措施，确定保护管理责任人。之后 2003 年通过的《武汉市古树名木和古树后续资源保护条例》和 2010 年实施的《湖北省古树名木保护管理办法》中也有具体要求。武汉市依据以上规定对区域内古树名木进行调研、登记和保护。根据武汉市园林和林业局官网上公布的数据，截至 2022 年，武汉市古树名木共 1692 株，其中中心城区分布为东湖风景区 59 株、江岸区 8 株、汉阳区 20 株、青山区 75 株、洪山区 22 株、江汉区 1 株、硚口区 1 株、武昌区 193 株。其分布见图 5-19。

依据《武汉市创建国家生态园林城市工作方案（2022—2023 年）》要求，武汉市实施生物多样性保护工程，古树名木及后备资源保护率达到 100%。目前，武汉市的古树已经全部建档和保护，按照评估和分级标准，将武汉市中心城区的古树保护程度划分为Ⅰ级，评分 9 分。

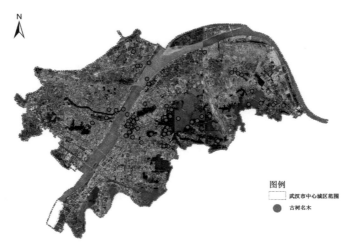

图 5-19　武汉市中心城区古树名木分布图

5.4.5　防灾避险评价指标

5.4.5.1　人均防灾避险绿地面积

　　从国内外研究来看，城市防灾避难场所不具有独立用地性质，一般具有多重功能，即首先是城市某项功能用地，在紧急状态下可作为城市的避难场所[1]。我国多数城市的防灾避难场所也是结合现状开敞空间设置，一些避难场所也只是具有避难场所的场地，而缺乏必要的设施[2]。除按相关要求建设规划的应急避难场所之外，现状可作为紧急避难场所使用的开敞空间也应当列入防灾避难场所中。

　　基于此，本研究在防灾避险绿地的数据收集获取上，不仅仅是选取功能性质确定为防灾避险绿地的公园绿地和广场，而是将当灾害发生时可暂时作为防灾避险场所的公园绿地和广场也纳入其中；根据《城市绿地防灾避险设计导则》，城市防灾避险功能绿地的有效避险面积是指城市绿地总面积扣除水域、建（构）筑物及其坠物和倒塌影响范围 [影响范围按建（构）筑物高度的 50% 计算]、树木稠密区域、坡度大于 15% 的区域和救援通道等占地面积之后，实际可用于防灾避险的面积[3][4]。根据相关研究，紧急避难场所规模一般不小于 1000m²[5][6]。故本研究在选择防灾避险绿地时，选择有效面积大于 1000m² 的场所进行数据收集，共收集数据 728 条，共计 1917.9hm²；代入人均防灾避险绿地面积中可得武汉市中心城区人均防灾避险绿地面积为 2.43m²，评价等级为 Ⅱ 级，评分 7 分（图 5-20）。

① 戴慎志 . 城市综合防灾规划 [M]. 北京：中国建筑工业出版社，2011：19–24.
② 刘晓光 . 城市绿地系统规划评价指标体系的构建与优化 [D]. 南京：南京林业大学，2015.
③ 姚金，汤寿旎 . 城市街道防灾避险绿地规划分析及旧区新区比较——以武汉为例 [J]. 城市建筑，2017（26）：61–64.
④ 王硕 . 国土空间规划背景下城市绿地系统评价体系研究——以青岛李沧区为例 [D]. 荆州：长江大学，2021.
⑤ 吴佳雨，蔡秋阳，楚建群，等 . 城市绿地防灾功能评估及规划策略——以武汉市为例 [J]. 城市问题，2015（8）：33–38.
⑥ 汪鑫，吕萧 . 武汉应急避难场所空间分布特征及需求分析 [J]. 中外建筑，2013（3）：42–45.

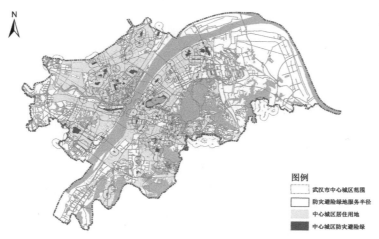

图例
- 武汉市中心城区范围
- 防灾避险绿地服务半径
- 中心城区居住用地
- 中心城区防灾避险绿

图5-20 武汉市中心城区防灾避险绿地服务半径图

5.4.5.2 防灾避险绿地服务半径覆盖率

依据《城市抗震防灾规划标准》GB 50413—2007，紧急避难场所的服务半径一般为 500m，故本研究将缓冲区距离为 500m（图 5-20）。经数据汇总统计，武汉市中心城区防灾避险绿地 500m 服务范围覆盖居住用地为 7742.81hm²，武汉市中心城区防灾避险绿地服务半径覆盖率为 36.54%。对照评价分级表可知武汉市中心城区防灾避险绿地服务半径覆盖率评定等级为 III 级，评分 5 分。

5.4.5.3 防灾避险绿地面积占公园绿地面积比例

依据本研究收集的数据，武汉市中心城区防灾避险绿地 728 处，共计 1917.9hm²，武汉市中心城区同类型绿地共 800 处，共计 4954.5hm²。通过计算，武汉市中心城区防灾避险绿地面积占同类型公园面积比为 38.7%。依据防灾避险绿地面积占比评价分级标准，武汉市中心城区防灾避险绿地面积占比评定等级为 III 级，评分 5 分。

5.4.5.4 防灾避险绿地的可达性

为满足 15 分钟生活圈背景下城市居民对防灾避险绿地供给的公平性需求，主要依据道路网络为基础对防灾避险绿地进行可达性分析（图 5-21）。

统计计算结果，得到武汉市中心城区可达性高的城市绿地数据 240 条，占总绿地面积的 9%；可达性较高的城市绿地数据 733 条，占总绿地面积的 27%；可达性一般的城市绿地数据 1067 条，占总绿地面积的 39%；可达性较低的城市绿地数据 389 条，占总绿地面积的 14%；可达性较低的城市绿地数据 304 条，占总绿地面积的 11%。依此，在 15 分钟内可到达的城市绿地数据共 1800 条，占总绿地面积的 36%。对照评级分级标准，处于 30%~40% 区间，评定等级为 III 级，评分 5 分。

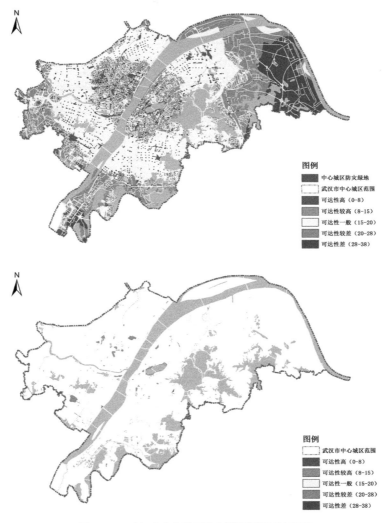

图例
■ 中心城区防灾绿地
□ 武汉市中心城区范围
■ 可达性高（0-8）
■ 可达性较高（8-15）
□ 可达性一般（15-20）
■ 可达性较差（20-28）
■ 可达性差（28-38）

图例
□ 武汉市中心城区范围
■ 可达性高（0-8）
■ 可达性较高（8-15）
□ 可达性一般（15-20）
■ 可达性较差（20-28）
■ 可达性差（28-38）

图5-21　武汉市中心城区防灾避险绿地可达性图

5.5　武汉市汉阳区城市绿地系统评价分析

对于武汉市市辖区城市绿地系统现状进行评价工作，不仅符合当下城市更新进程，而且是人本主义精细化管理的体现。市辖区是城镇化进程中最基本的行政管理单位，也是最接近居民生活的行政区划，最能体现居民生活的空间尺度。在市辖区内，人们的生产、生活、娱乐等活动都集中在这一空间尺度中展开，因此将其建设成一个舒适宜居的市辖区必须考虑居民的需求和利益，其中包含了对城市绿化水平的要求。因此，对市辖区的城市绿地系统评价就显得尤为重要，只有充分评价才能更好地满足居民的需求。市辖区城市绿地系统评价可以从更新的角度出发，全面、深入地展示市辖区的绿地现状与未来发展趋势，有利于针对目前的城市绿地建设提出合理的规划方案，重视城市更新中绿地系统的保护与建设，加强环境生态保护。人本主义是城市规划的核心思想之一，其关注点是人的需求和利益，把人作为建设城市的根本出发点，而市辖区需要满足居民的各种需求，包括绿化环境的优化和完善。同时，随着城镇化进程的加快，城市规划及建设也需更加精细化。市辖区作为空间尺度最接近居民生活的行政区划，以其绿地系统的评价可以更好地反映人本主义与精细化规划的思想，有助于城市规划、设计更贴近社会和市民的需求。本研究以武汉市汉阳区为例，在生态功能、社会经济效益、景观效益、空间结构与防灾避险五个方面进行现状绿地系统指标评价。

5.5.1　汉阳区基本概况

汉阳区，武汉市中心城区之一，位于江汉平原东北边沿，武汉市西南部，长江和汉江交汇处。东南邻长江，与武昌区、洪山区隔江相望；西南与武汉经济技术开发区相接；西接蔡甸区；北依汉水，与江汉区、硚口区、东西湖区相邻，总面积 111.54km²。依据汉阳区 2022 年国民经济和社会发展统计公报，截至 2022 年末，全年地区生产总值（GDP）实现 801.86 亿元，按可比价计算，比上年增长 2.6%。其中，第二产业 150.41 亿元，第三产业增加值 651.45 亿元。年末全区常住人口 90.06 万人（图 5-22）。

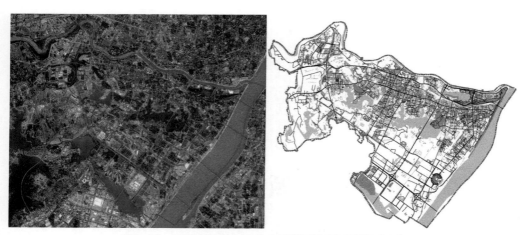

图 5-22　汉阳区卫星图（左）与汉阳区地理空间数据（右）

5.5.2　生态功能评价指标

5.5.2.1　碳氧平衡指数

本研究数据来源依据高德地图开放平台获取汉阳区城市绿地 AOI 兴趣面数据，导入

ArcGIS 平台进行数据整理统计，辅以参考自《2022 年汉阳区国民经济和社会发展统计公报》，得到武汉市汉阳区各类绿地总面积约为 2600.93hm^2，汉阳区常住人口为 90 万人。汉阳区常住人口年排放二氧化碳量 295650t，耗氧量 246375t；汉阳区城市绿地每年固碳量可达 25252.40t，释氧量可达 67310.80t。汉阳区城市绿地平均每年可以吸收城市人口 8.5% 的二氧化碳，提供其所需氧气的 27.3%。可以认为汉阳区城市绿地系统的碳氧平衡指标为 V 级，评分 1 分。

5.5.2.2 降温增湿指数

降温增湿影响范围的数据获取中，本研究借助百度地图数据平台获取汉阳区建筑数据，借助高德地图平台以及大众点评等数据平台综合获取汉阳区城市绿地数据。将汉阳区城市绿地进行缓冲区处理，缓冲区距离依据相关研究设置为 100m，意在表达受到城市绿地降温增湿效果范围内的建筑区域占汉阳区建筑区域的占比（图 5-23），得到城市绿地降温增湿效果范围内的建筑区域数据量数值共 194，汉阳区总建筑区域数据量数值为 3203，汉阳区城市绿地系统降温增湿影响范围为 6.1%。

综合以上三方面因素，查询指标评价表，汉阳区城市绿地系统的降温增湿指数达到 V 级标准，评分 1 分。

图5-23 汉阳区城市绿地系统降温增湿影响范围分析图

5.5.3 社会经济效益指标

本项指标评价属于定性指标，通过实地调研和发放调查问卷的形式收集数据，具体过程见 5.4.2 小节相关内容结果见表 5-8。

汉阳区城市园林绿化综合性评价指标表　　　　　　　　表 5-8

区域	名称	功能性评价得分	景观性评价得分	文化性评价得分	城市容貌
汉阳区	汉阳公园	5.00	6.10	4.00	6.35
	龟山公园	9.50	10.00	9.75	
	月湖公园	9.30	9.75	9.80	
	汉阳江滩	9.40	10.00	8.95	
	琴台绿化广场	8.50	9.50	9.55	
合计		41.7	45.35	42.05	
各指标平均值		8.34	9.07	8.41	

依据评价分级标准，得到汉阳区城市园林绿化功能性评价、景观性评价、文化性评价及城市容貌评价的评级依次为 Ⅱ 、 Ⅰ 、 Ⅱ 、 Ⅲ 级；即汉阳区城市园林绿化功能性较好、景观价值高、文化价值较高、城市容貌一般；评分依次为 7 分、9 分、7 分、5 分。

5.5.4 景观效益评价指标

5.5.4.1 绿地可达性

基于 15 分钟生活圈背景下城市居民对城市绿地供给的公平性要求，依据道路网络为基础对汉阳区城市绿地进行可达性分析（图 5-24），计算原理见 5.4.3 小节相关内容。

本研究将汉阳区可达性范围分为五个层级，分别是可达性高区域（8 分钟以下）、可达性较高区域（8~15 分钟）、可达性一般区域（15~20 分钟）、可达性较低区域（20~28 分钟）、可达性低区域（28 分钟以上）。统计计算结果，汉阳区总城市绿地数据共 3547 条，得到汉阳区可达性高的城市绿地数据 467 条，占总绿地面积的 13%；可达性较高的城市绿地数据 1245 条，占总绿地面积的 35%；可达性一般的城市绿地数据 1169 条，占总绿地面积的 33%；可达性较差的城市绿地数据 455 条，占总绿地面积的 13%；可达性低的城市绿地数据 277 条，占总绿地面积的 6%。依此，在 15 分钟内可到达的城市绿地数据共 1712 条，占总绿地面积的 48%。对照评级分级标准，处于 40%~50% 区间，评定等级为 Ⅱ 级，评分 7 分。

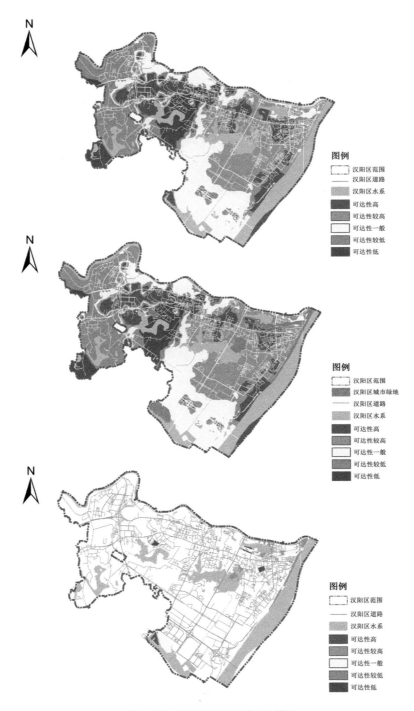

图5-24 汉阳区城市绿地可达性图

5.5.4.2 绿化覆盖率

本指标数据来自《汉阳区 2022 年国民经济和社会发展统计公报》，得到汉阳区绿化覆盖率为 41.30%，达到评价标准评价表中 Ⅰ 级标准，评分 9 分。

5.5.5　空间结构定量指标

5.5.5.1　公园绿地服务半径覆盖率

在公园绿地服务半径覆盖率这一指标中，居住用地研究数据来源于高德地图、百度地图等数据平台；公园绿地数据来源于大众点评、高德地图等数据平台。依据《城市园林绿化评价标准》中要求，本研究将缓冲区距离为 500m（图 5-25）。经数据汇总统计，汉阳区公园绿地 500m 服务范围覆盖居住用地为 752hm²，汉阳区居住用地为 2983hm²。最终得到汉阳区公园绿地服务半径覆盖率为 25.2%。对照评价分级表可知汉阳区公园绿地服务半径覆盖率处于 < 60% 区间，评定等级为 V 级，评分 1 分。

图5-25　汉阳区公园绿地服务半径图

5.5.5.2　古树名木保护率

根据武汉市园林和林业局官网上公布的数据，武汉市对区域内古树名木进行调研、登记、保护等措施，截至 2023 年 6 月，汉阳区共登记古树名木 20 株（表 5-9）。

汉阳区古树名木统计表　　　　　　　　　　　　　　　　　　　表 5-9

行政区	古树名木编号	树种	树种拉丁名	乡镇名称
汉阳区	42010500001	银杏	*Ginkgo biloba*	建桥街办事处
汉阳区	42010500002	皂荚	*Gleditsia sinensis*	建桥街办事处
汉阳区	42010500003	皂荚	*Gleditsia sinensis*	建桥街办事处
汉阳区	42010500004	银杏	*Ginkgo biloba*	永丰街办事处
汉阳区	42010500005	国槐	*Sophora japonica*	建桥街办事处

行政区	古树名木编号	树种	树种拉丁名	乡镇名称
汉阳区	42010500006	丝棉木	*Euonymus maackii Rupr*	建桥街办事处
汉阳区	42010500007	梧桐	*Firmiana simplex*	建桥街办事处
汉阳区	42010500008	女贞	*Ligustrum lucidum*	建桥街办事处
汉阳区	42010500009	雪松	*Cedrus deodara*	晴川街办事处
汉阳区	42010500010	樟树	*Cinnamomum camphora*	晴川街办事处
汉阳区	42010500011	女贞	*Ligustrum lucidum*	晴川街办事处
汉阳区	42010500012	臭椿	*Ailanthus altissima*	晴川街办事处
汉阳区	42010500013	朴树	*Celtis sinensis*	晴川街办事处
汉阳区	42010500014	紫薇	*Lagerstroemia indica*	晴川街办事处
汉阳区	42010500015	朴树	*Celtis sinensis*	晴川街办事处
汉阳区	42010500016	朴树	*Celtis sinensis*	晴川街办事处
汉阳区	42010500017	朴树	*Celtis sinensis*	晴川街办事处
汉阳区	42010500018	朴树	*Celtis sinensis*	晴川街办事处
汉阳区	42010500019	朴树	*Celtis sinensis*	晴川街办事处
汉阳区	42010500020	朴树	*Celtis sinensis*	晴川街办事处

资料来源：武汉市园林和林业局

依据《武汉市创建国家生态园林城市工作方案（2022—2023 年）》要求，实施生物多样性保护工程，古树名木及后备资源保护率达到 100%。目前，武汉市的古树已经全部建档和保护，按照评估和分级标准，将汉阳区的古树保护程度划分为Ⅰ级，评分 9 分。

5.5.6　防灾避险评价指标

5.5.6.1　防灾避险绿地服务半径覆盖率

依据数据汇总统计，汉阳区防灾避险绿地数据共 55 条，汉阳区防灾避险绿地 500m 服务范围覆盖居住用地为 693hm²，汉阳区居住用地为 2983hm²，最终得到汉阳区防灾避险绿地服务半径覆盖率为 23.2%（图 5-26）。对照评价分级表可知汉阳区防灾避险绿地服务半径覆盖率处于 20%~30% 区间，评定等级为Ⅳ级，评分 3 分。

5.5.6.2　防灾避险绿地的可达性

为满足 15 分钟生活圈背景下城市居民对防灾避险绿地供给的公平性需求，主要依据道路网络为基础对防灾避险绿地进行可达性分析（图 5-27）。

图5-26 汉阳区防灾避险绿地服务半径图

　　统计计算结果，得到汉阳区可达性高的城市绿地数据460条，占总绿地面积的13%；可达性较高的城市绿地数据1239条，占总绿地面积的35%；可达性一般的城市绿地数据1168条，占总绿地面积的33%；可达性较低的城市绿地数据460条，占总绿

图5-27 汉阳区防灾避险绿地可达性图

图5-27　汉阳区防灾避险绿地可达性图（续）

地面积的 13%；可达性差的城市绿地数据 212 条，占总绿地面积的 6%。依此，在 15 分钟内可到达的城市绿地数据共 1699 条，占总绿地面积的 48%。对照评级分级标准，处于 40%~50% 的区间，评定等级为Ⅱ级，评分 7 分。

5.6　武汉市城市绿地系统评价结果

5.6.1　武汉市域城市绿地系统评价等级与评分

通过对武汉市域城市绿地系统生态功能指标、社会经济效益指标、景观效益指标的综合评价，并将分值带入指标表进行权重计算，最终结果为 6.2947 分（表 5-10）。查询表 4-4，武汉市域城市绿地系统最终评级为Ⅲ级，即"市域绿地系统现状一般，绿地连通性一般，森林覆盖率一般，城市生态环境一般"。

武汉市域城市绿地系统评价等级与评分　　　　　　　　　　　表 5-10

目标层（A）	准则层（B）	指标层（C）	评价等级	评分
城市绿地系统评价指标体系（A1）	生态功能评价指标（B1）0.4665	碳氧平衡指数（C1）（W_i: 0.7500；总 W_i: 0.3944）	Ⅱ	7
		空气质量指数（C2）（W_i: 0.6144；总 W_i: 0.1166）	Ⅱ	7

目标层（A）	准则层（B）	指标层（C）	评价等级	评分
城市绿地系统评价指标体系（A1）	社会经济效益指标（B2） 0.1005	释氧固碳价值（C3） （W_i: 0.3333; 总 W_i: 0.0335）	I	9
		滞尘价值（C4） （W_i: 0.6667; 总 W_i: 0.0670）	I	9
	景观效益评价指标（B3） 0.4330	斑块破碎化指数（C5） （W_i: 0.2000; 总 W_i: 0.0860）	I	9
		森林覆盖率（C6） （W_i: 0.8000; 总 W_i: 0.3464）	IV	3
总计				6.2947

5.6.2 武汉市中心城区城市绿地系统评价等级与评分

通过对武汉市中心城区绿地系统生态功能指标、社会经济效益指标、景观效益指标、空间结构定量指标和防灾避险指标的综合评价，并将分值带入指标表进行权重计算，最终结果为 7.069 分（表 5-11）。查询表 4-4，武汉市中心城区城市绿地系统最终评级为 II 级，既"城市绿地系统规划方案较好，规划建设现状较好，居民较满意，可以评比国家园林城市和国家生态园林城市，满足省市级园林城市标准和生态园林城市相关标准"。

武汉市中心城区城市绿地系统评价等级与评分　　　　表 5-11

目标层（D）	准则层（E）	指标层（F）	评价等级	评分
城市绿地系统评价指标体系（D1）	生态功能评价指标（E1） 0.1303	碳氧平衡指数（F1） （W_i: 0.2684; 总 W_i: 0.0350）	V	1
		降温增湿效果（F2） （W_i: 0.1172; 总 W_i: 0.0153）	II	7
		空气质量指数（F3） （W_i: 0.6144; 总 W_i: 0.0801）	II	7
	社会经济效益指标（E2） 0.2524	释氧固碳价值（F4） （W_i: 0.1174; 总 W_i: 0.0296）	II	7
		滞尘价值（F5） （W_i: 0.4586; 总 W_i: 0.1158）	II	7
		城市园林绿化功能性评价值（F6） （W_i: 0.1621; 总 W_i: 0.0409）	III	5
		城市园林绿化景观性评价值（F7） （W_i: 0.0456; 总 W_i: 0.0115）	II	7
		城市园林绿化文化性评价值（F8） （W_i: 0.1749; 总 W_i: 0.0441）	III	5
		城市容貌评价值（F9） （W_i: 0.0414; 总 W_i: 0.0104）	III	5

目标层（D）	准则层（E）	指标层（F）	评价等级	评分
城市绿地系统评价指标体系（D1）	景观效益评价指标（E3）0.1400	绿地可达性（F10）（W_i：0.7641；总 W_i：0.1025）	Ⅲ	5
		斑块破碎化指数（F11）（W_i：0.1210；总 W_i：0.0162）	Ⅱ	7
		绿地分布均匀度（F12）（W_i：0.1149；总 W_i：0.0154）	Ⅲ	5
	空间结构定量指标（E4）0.3090	中心城区绿化覆盖率（F13）（W_i：0.3786；总 W_i：0.1666）	Ⅰ	9
		中心城区绿地率（F14）（W_i：0.2409；总 W_i：0.1060）	Ⅰ	9
		城市人均公园绿地面积（F15）（W_i：0.1778；总 W_i：0.0782）	Ⅰ	9
		万人拥有综合公园指数（F16）（W_i：0.1024；总 W_i：0.0451）	Ⅰ	9
		公园绿地服务半径覆盖率（F17）（W_i：0.0736；总 W_i：0.0324）	Ⅲ	5
		古树名木保护率（F18）（W_i：0.0266；总 W_i：0.0117）	Ⅰ	9
	防灾避险评价指标（E5）0.0321	人均防灾避险绿地面积（F19）（W_i：0.4884；总 W_i：0.0211）	Ⅱ	7
		防灾避险绿地服务半径覆盖率（F21）（W_i：0.1034；总 W_i：0.0045）	Ⅲ	5
		防灾避险绿地面积占公园绿地面积比例（F21）（W_i：0.2507；总 W_i：0.0108）	Ⅲ	5
		防灾避险绿地可达性（F22）（W_i：0.1575；总 W_i：0.0068）	Ⅲ	5
总计				7.069

5.6.3 武汉市汉阳区绿地系统评价等级与评分

通过对武汉市汉阳区绿地系统生态功能指标、社会经济效益指标、景观效益指标、空间结构定量指标和防灾避险指标的综合评价，并将分值带入指标表进行权重计算，最终结果为 5.3914 分（表 5-12）。查询表 4-4，武汉市汉阳区城市绿地系统最终评级为Ⅲ级，即"城市绿地系统规划相对满足要求，规划建设现状一般，居民满意度一般，满足省市级园林城市（区）标准和生态园林城市（区）相关标准"。

目标层（G）	准则层（H）	指标层（I）	评价等级	评分
城市绿地系统评价指标体系（G1）	生态功能评价指标（H1）0.1845	碳氧平衡指数（I1）（W_i: 0.2500；总 W_i: 0.0461）	V	1
		降温增湿效果（I2）（W_i: 0.7500；总 W_i: 0.1384）	V	1
	社会经济效益指标（E2）0.3197	城市园林绿化功能性评价值（I3）（W_i: 0.5260；总 W_i: 0.1682）	II	7
		城市园林绿化景观性评价值（I4）（W_i: 0.0829；总 W_i: 0.0265）	I	9
		城市园林绿化文化性评价值（I5）（W_i: 0.1573；总 W_i: 0.0747）	II	7
		城市容貌评价值（I6）（W_i: 0.0238；总 W_i: 0.0503）	III	5
	景观效益评价指标（H3）0.1087	绿地可达性（I7）（W_i: 0.0667；总 W_i: 0.0725）	II	7
		绿化覆盖率（I8）（W_i: 0.3333；总 W_i: 0.0362）	I	9
	空间结构定量指标（H4）0.0674	公园绿地服务半径覆盖率（I9）（W_i: 0.7500；总 W_i: 0.0505）	V	1
		古树名木保护率（I10）（W_i: 0.2500；总 W_i: 0.0168）	I	9
	防灾避险评价指标（H5）0.3197	防灾避险绿地服务半径覆盖率（I11）（W_i: 0.2000；总 W_i: 0.0639）	IV	3
		防灾避险绿地可达性（I12）（W_i: 0.8000；总 W_i: 0.2557）	II	7
总计				5.3914

5.7　斑块演化模型预测

根据图 5-28 和图 5-29 所呈现的数据，我们可以对武汉市域、中心城区以及汉阳区的城市空间扩张程度与扩张形态变化进行探讨。

首先，从时间维度来看，武汉市域、中心城区和汉阳区的城市空间扩张并非一成不变，而是呈现出明显的阶段性和梯度性。特别是在 1985~1990 年，无论是武汉市域、中心城区还是汉阳区，其扩张程度都相对较小，这可能与当时的经济社会发展水平、城市规划理念以及土地资源利用政策有关。然而，随着时间的推移，尤其是进入 21 世纪后，武汉市的城市空间扩张明显加速。

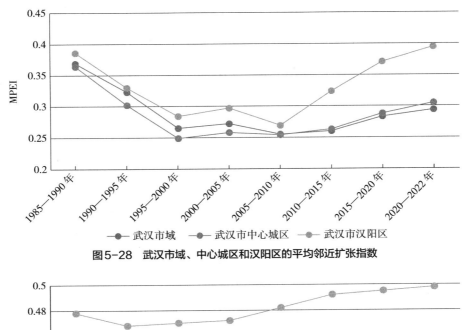

图5-28 武汉市域、中心城区和汉阳区的平均邻近扩张指数

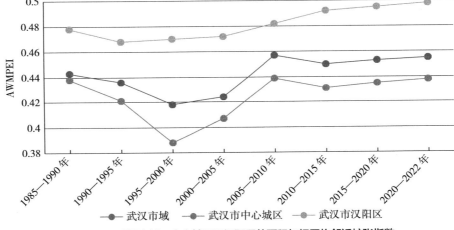

图5-29 武汉市域、中心城区和汉阳区的面积加权平均邻近扩张指数

在扩张程度上，武汉市域和汉阳区在 2005~2010 年表现出最为强烈的扩张态势。这一时期，武汉市的经济社会发展迅速，城镇化进程加快，大量人口涌入城市，使得城市空间需求大幅增加。同时，政策导向和城市规划也为城市扩张提供了有力支持。而在武汉市中心城区，其扩张最强烈的时期则出现在 1995~2000 年，这可能与当时的城市规划调整、基础设施建设以及产业发展布局有关。

在扩张形态方面，汉阳区的扩张呈现出较为紧凑的特点。自 2005 年之后，汉阳区的扩张速度放缓，这反映出该区域在城镇化进程中更加注重土地资源的合理利用和城市的可持续发展。而武汉市域和中心城区在 1990~2005 年，其扩张形态相对离散，这可能与当时的城市规划理念、土地利用方式以及城市发展的阶段性特点有关。2005 年之后，随着城市规划理念的转变和土地利用政策的调整，武汉市域和中心城区的扩张形态也逐渐趋于紧凑。总的来说，研究期内武汉市的建设用地扩张呈现出不断向外加强的趋势。特别是在汉阳区,与其他区域相比,其在前期扩张相对明显,但近10年来扩张速度有所缓和,这可能与该区域的产业结构调整、城市功能定位以及土地资源利用政策的变化有关。

综上所述,武汉市域、中心城区和汉阳区的城市空间扩张程度与扩张形态变化受到多种因素的影响,包括经济社会发展水平、城市规划理念、土地利用政策等。在未来,随着城镇化进程的深入推进和城市规划的不断完善,这些区域的城市空间扩张将呈现出更加合理、有序和可持续的发展态势。

城镇化与生态空间之间的相互作用,构成了一个极为复杂且开放的巨系统,其中蕴含着多重反馈的非线性关系。这种关系不仅层次丰富,而且相互影响深远,使得整个系统充满了变数与不确定性。在探讨武汉市空间扩张和绿地斑块(生态空间)演化的过程中,笔者观察到两条鲜明的曲线轨迹——城市空间扩张水平曲线和绿地斑块演化过程曲线。这两条曲线描绘了城镇化进程中空间变化的动态图景,也揭示了绿地斑块(生态空间)随之发生的深刻变革。对于城市空间扩张水平而言,它往往呈现出指数形式或抛物线形式的增长趋势。已有的研究指出,城镇化水平在初期往往保持较低的增长速度,但进入21世纪前期后,随着工业化、信息化等进程的加速推进,城镇化水平开始迅速攀升。然而,当城镇化达到一定阶段后,其增长速度又会逐渐放缓,呈现出一种平稳增长的态势。以武汉市为例,其空间扩张综合水平的变化情况为我们提供了宝贵的观察视角。当这一水平越高时,意味着对应时间段内的城市空间扩张越为强烈,扩张形态也更为离散。这种离散化的扩张形态不仅反映了城市空间结构的快速变化,也暗示了城市规划与管理所面临的挑战。与此同时,武汉市绿地斑块综合变化水平则呈现出周期性波动的特点。这一变化水平的高低,直接反映了武汉市生态空间发展的状况。当综合变化水平较高时,意味着生态空间的发展更为良好,城市的生态环境得到了有效的保护和改善。进一步观察图5-30和图5-31中的数据,我们可以发现,各研究梯度范围内城市空间扩张综合变化水平呈现出

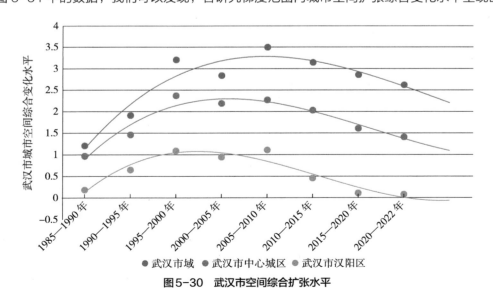

图5-30 武汉市空间综合扩张水平

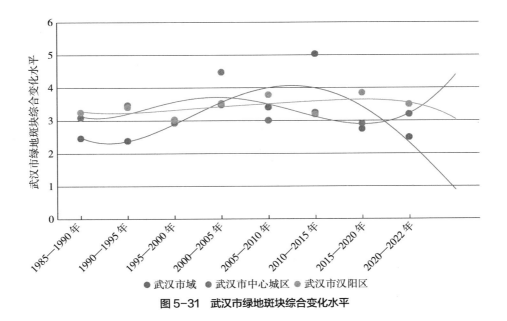

图 5-31　武汉市绿地斑块综合变化水平

先升后降的孤峰形趋势。这种趋势可能受到多种因素的影响，包括政策调整、经济发展、人口迁移等。而武汉市绿地斑块综合变化水平的周期性波动，则可能与季节变化、气候变化以及人类活动等多种因素密切相关。

综上所述，城镇化与生态空间的相互作用是一个复杂而多变的过程。通过深入分析城市空间扩张和生态空间演化的曲线变化以及相关的数据表格，我们可以更加全面地理解这一过程的内在规律和机制，为未来的城市规划和管理提供更为科学的依据和指导。

5.8　本章小结

本章主要探讨了城市绿地系统评价对武汉市未来城市规划与生态保护的重要性。武汉市作为中国中部的重要城市之一，面临着城镇化进程和环境保护的双重挑战。城市绿地系统评价可以为武汉市未来城市规划提供科学依据，促进城市的可持续发展。同时，城市绿地系统评价也可以帮助保护和改善武汉市的生态环境，提升居民的生活质量。

城市绿地系统评价可以通过评估城市绿地的质量、布局和功能，为城市的未来城市规划提供科学依据。评价结果可以揭示城市绿地的优势和不足，帮助决策者了解城市绿地系统的现状和问题，从而制定相应的规划策略和措施。城市绿地系统评价可以评估城市绿地在生态、社会和经济方面的效益，帮助城市实现可持续发展目标。评价结果可以指导城市规划和建设，优化城市绿地的空间布局和功能配置，提升城市的环境质量和居民的生活品质。城市绿地系统评价过程中的公众参与可以增加居民对城市绿地的认知和参与度。公众的意见和建议可以反映居民对城市绿地的需求和期望，帮助决策者制定更加符合居民需求的城市规划方案。城市绿地是城市生态系统的核心组成部分，对于维护生态平衡和生物多样性具有重要作用。通过城市绿地系统评价，可以评估城市绿地的生态功能和生态系统服务，为城市的生态保护提供科学依据，保护和恢复生态系统的稳定性和健康性。城市绿地可以提供空气净化、水资源保护、温度调节等生态服务，对改善城市环境质量具有重要作用。城市绿地系统评价可以评估城市绿地在环境改善方面的效益，为城市的环境保护和改善提供科学依据，减少环境污染和生态破坏。城市绿地不仅提供休闲娱乐和文化活动的场所，还促进社区居民的交流和互动。通过城市绿地系统评价，可以评估城市绿地对社区凝聚力的影响，为城市的社区建设和社会和谐提供科学依据。

　　在城市绿地系统评价模型中，针对武汉市的市域、中心城区和市辖区三个空间层级，可以进行如下的描述和评价。市域层级：可以通过评价指标对整个城市绿地系统进行综合评估。例如，可以评估城市绿地的总体质量和空间布局是否合理，是否满足市民的需求，以及是否有利于生态保护和环境改善。通过评价指标的分析，可以为武汉市的市域规划提供科学的依据，以实现可持续发展目标。中心城区层级：可以通过评价指标对城市绿地的功能和效益进行评估。例如，可以评估城市绿地在提供休闲娱乐、文化活动和经济增长方面的作用，以及对城市形象和居民满意度的影响。通过评价指标的分析，可以为武汉市的城市更新和改造提供科学的依据，以提升城市的可持续发展水平。市辖区层级：可以通过评价指标对城市绿地的社区服务功能和社会经济效益进行评估。例如，可以评估城市绿地在提供社区公共服务、促进社会交流和增加就业机会方面的作用，以及对居民生活质量的影响。通过评价指标的分析，可以为武汉市的社区规划和管理提供科学的依据，以改善居民的生活环境。通过评价指标的分析，可以及时了解武汉市城市绿地系统的现状和问题，为城市规划和管理提供科学的依据。评价结果还可以揭示武汉市城市绿地的优势和不足，为未来城市绿地的发展提供指导。最后，评价过程中的公众参与和专家咨询可以促进社会各界对城市绿地的重视和参与，达成共识，推动城市绿地的可持续发展。

第 6 章

武汉市城市绿地系统优化研究

6.1 城市绿地系统优化研究案例

6.1.1 伦敦城市绿地系统优化研究

6.1.1.1 绿环，从限定城市边界到边治理边发展

19世纪末，埃比尼泽·霍华德提出"田园城市"的理念，引发欧洲对于城市未来发展规划的重新思考。二战后，许多城市在重建过程中采用并实践了这一理念。"田园城市"是一种新型的城市发展模式，城市通过田地或花园空间的围合，平衡居住、工业和农业用地的比例，以解决工业革命时代的"大城市病"。

伦敦是这一理念的先行者之一。在《1944大伦敦规划》中，提出通过绿环控制城市规模，防止郊区小城镇被吞并，并承接城市的分散功能。随着城市的再次繁荣，空间变得拥挤不堪。1969年，绿环外开始建设3座第三代新城，它们不再是单纯的卫星城，而是功能完善、能够独立运行的"反磁力中心"，与伦敦内城的关系由合作变为竞争。例如，新城米尔顿凯恩斯吸引了许多内城迁来的企业总部，并成为英国最有活力的初创公司聚集地之一。

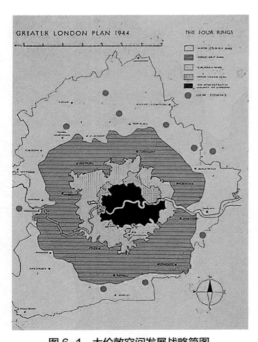

图6-1 大伦敦空间发展战略简图

资料来源：White, Jerry (2008). London in the 20th Century: A city and its People. London: Random House.

不久后，制造业大衰退，伦敦内城失业率居高不下，城市出现"空心化"（1951—1981年，城市人口减少了150多万）。绿环逐渐成为通往新城找工作和通勤的阻碍，绿环的发展因此停滞。1977年，《内城地区法》颁布，伦敦的发展重心重新回归内城。随着城市产业逐步转向金融、文化、旅游等第三产业，城市环境日益成为重要的竞争力。20世纪90年代，《绿色战略报告》颁布，内城区通过"绿链模式"挖掘路网、水网的空间新价值。

2000年初，"100个公共空间计划"通过改造公共空间为城市创造新空间。2004年，《大伦敦空间发展战略》将绿环、绿链和公共空间纳入整体环境规划，视其为伦敦成为全球城市的竞争力所在（图6-1）。

之后的"绿楔战略"逐渐融入伦敦5条

产业走廊，成为拯救绿环外围日渐衰落新城的绿色动脉。就这样，不断进化的公园系统，成为建设国家公园城市、绿色城市等城市新发展目标的骨架。

6.1.1.2 绿链，从公共空间到活力网络

绿链是伦敦内城为应对公共空间不足而采取的快速改善城市环境的策略。其核心在于整合现有的空间资源，提升绿环与内城的连接性和可达性。优先开发路网和水网等基础设施完善、用地可控的区域，使绿链在 20 世纪 90 年代末基本成型。

绿链的发展不仅限于创建单一的绿色空间，而是结合了休闲、文化展示等多种城市功能，形成多彩的活力网络，成为城市休闲经济的重要组成部分。

（1）水网：重现市井生活

伦敦内城的运河网络曾是伦敦文化的一部分，但城市化的进程使运河生活几近消失。通过打造滨水绿链，激活滨水空间的多功能性，重现伦敦特色的滨水生活区，形成活力水网。

例如，摄政运河流经了 26 个城市公园，沿线 13 处历史船闸区域经过改造，融入了市集、餐饮和创意办公等新功能。拥有历史、环境并置入多功能的这些滨水空间，成为伦敦现代大都市中宁静的生活乐园。进入 21 世纪，摄政运河中段的国王十字片区通过更新，成为创新产业区。

运河沿岸的改造不仅包括滨水绿地，还融合了亲水平台和休闲功能，形成立体游憩空间，以更好地服务热衷交流的创新人群，提升创新区的空间"软实力"。

（2）路网：主题旅游区

由于绿环的空间限制，伦敦内城形成了紧凑的空间结构和密集的交通网络。这种情况使得大规模绿地改造和植树变得困难，并可能降低道路的通勤效率。更新后的路网通过主题化方式转变为旅游线路，如伦敦南岸的文化游、伦敦西区的戏剧游和 CBD 的罗马历史游等。路网成为展示伦敦城市历史和文化的窗口，并推动城市文旅产业的发展。主题游线带来的人流和活力，大大提升了商务区的夜间人气。

6.1.1.3 绿斑，从绿地到自然资产账户

伦敦内城的斑状绿色空间由海德公园、摄政公园等 8 座皇家公园，以及百余个花园广场构成。尽管绿链完成了这些分散节点的空间连接，但空间品质参差不齐，导致使用率不均。1999 年，《走向城市复兴》研究报告提出了"提高城市绿色空间质量"和"改善环境服务质量"等策略，匹配创意、科技等新兴经济对环境的需求，开启了绿斑提升空间质量的运动。

2017 年，《伦敦公共绿色空间自然资产账户》报告指出，伦敦公园绿地为市民提供的身心健康服务节约了 9.5 亿英镑的医疗费用，并产生了 9.26 亿英镑的娱乐消费。

（1）城市微度假中心

伦敦内城的 8 座皇家公园占地约 2000hm²，一直以景色美和功能少著称。1997 年，《皇家公园和其他开放空间条例》颁布后，皇家公园开始通过微改造融入娱乐、亲子和运动元素，以迎合新时代的需求，重塑公园吸引力。例如，海德公园增设了足球场、皮划艇竞技场和马场等运动场所，满足不同人群的兴趣。2004 年启用的戴安娜王妃纪念园，通过多种景观化的水形态，成为最受喜爱的家庭亲子空间，仅 2005 年就接待了超过 200 万人次游客。

在景观保护与价值挖掘的平衡中，公园通过观景新视角取得突破。邱园是英国的皇家植物园，汇集了植物学研究和教育机构。2006 年，邱园通过设计水上观景的萨克勒桥、空中观景的树冠步道和昆虫视角的蜂巢，将全域转变为热门的打卡地点。

（2）老空间新价值

2000 年后，伦敦先后推出"100 个公共空间计划"和《优秀户外空间计划》，对现有公共空间进行公园化的提升改造，并大力建设"口袋公园"，推动实现各居住区 400m 范围内拥有一处公共空间的目标。新增的公共空间主要通过"公共空间换容积率"等政策，从大规模城市更新项目中获取。例如，占地 8.7 万 m² 的伦敦塔桥城更新项目中，公共空间面积占比超过 40%，平均每天吸引超过 3.5 万名访客，成为新的热门旅游区域。

6.1.1.4 绿楔，从多中心结构到产业走廊

通过绿环控制市区规模的模式被许多城市采用但容易导致单核城市中心的问题，伦敦金融城就是这样的一个代表。解决这一问题的方法之一是建设延伸的绿楔，例如斯德哥尔摩和哥本哈根的"绿手指"模式，有效引导了城市多核发展并提升了环境质量。然而，对于用地稀缺且先发展后规划的伦敦来说，这是一项艰巨的任务。

2002 年，伦敦宣布发展城市绿楔的声明；2004 年，《东伦敦绿网规划》提出 6 条城市绿楔的规划，以促进城市多中心发展；2011 年，绿楔被纳入《大伦敦空间发展战略》，成为伦敦向外延伸的 5 条产业走廊的起始点，提升城市全球竞争力。

（1）绿楔：功能混合区

伦敦将绿楔定义为"解决 21 世纪城市问题的绿色网络"，从实施情况来看，绿楔并非延绵的绿廊，而是融合公园绿地、城市功能和城市战略的混合型绿廊。其中，最具代表性的是 2012 年伦敦奥运会主场馆聚集区——下利亚山谷。该区域曾是伦敦"毒地"的代名词，借助伦敦奥运会举办的契机，下利亚山谷开展了全面更新，实现了从环境改善到自然生态、从滨水生活到科技产业的全方位转型，成为混合型绿楔示范区和生态技术试验区。优质的环境和完备的配套设施吸引了越来越多的企业入驻：欧洲最大的新中央商务区之一——The International Quarter 正在建设中。这是继金融城、金丝雀码头、伦敦塔桥城之后，伦敦的第四大商务区，预计将提供 2.5 万个岗位。

（2）产业走廊"最后一公里"

《大伦敦空间发展战略》旨在通过打造 5 条产业走廊连点成片，形成聚集效应，推动周边衰败的新城实现转型。混合型绿楔则成为产业走廊接入内城的"最后一公里"。例如，下利亚山谷是 M11 伦敦—斯坦斯特德—剑桥高科技产业走廊的内城段，不仅环境优美且资本充足，还有 Here East 数字产业园等产业明星。随着产业走廊的贯通，M11 沿线成为电子科技、生物医药和尖端制造企业的聚集带，沿途的哈罗新城也从食品加工转型为先进制造和知识服务业。

综上所述，伦敦每一次城市发展目标的实现，都离不开公园系统的升级助推。2020年伦敦规划中，伦敦的新目标是成为最绿色的全球城市，公园系统将再次更新，不同的是，这轮新增的绿色空间将主要通过社区更新基金和增长绿色基金资助的私有土地，推动城市步入全民碳中和时代[①]。

6.1.2　新加坡城市绿地系统优化措施研究

新加坡是最繁忙的港口城市之一，不仅是亚洲的工商业和金融中心，更是一个风景如画的旅游胜地和度假休闲的理想之地，被誉为"花园城市"。与其他仅仅在城内修建花园的城市不同，新加坡将整个城市建在花园中，让居民在绿色环境中工作、居住和休闲。

新加坡政府对环境建设进行了科学规划和有效管理。从 20 世纪 60 年代提出建设"花园城市"以来，新加坡在不同的发展时期提出了相应的目标：60 年代，新加坡的目标是绿化和净化城市，大力种植行道树和建设公园，为市民提供开放空间；70 年代，制定了道路绿化规划，强调垂直绿化，在绿地中增加休闲娱乐设施，并在新开发区域植树造林；80 年代，提出种植果树，增设专门的休闲设施，实现机械化操作和计算机化管理；90 年代，提出建设生态平衡公园，发展别具风格的主题公园，并用绿色廊道连接各主要公园，加强人行道遮阴树种的栽植，减少维护费用，增加机械化操作。

进入 21 世纪，新加坡开始实施《2012 年新加坡绿色规划》，该规划更强调从整体城市环境入手，系统开展城市空气与水净化、资源节约与回收利用、自然环境保护等工作，力求全面营造一个健康的生活环境。

在资源有限的情况下，新加坡的城市建设从一开始就体现出对自然的珍惜。政府将大面积的树林、候鸟栖息地、沼泽地和其他自然地带规划为自然保护区，以维持城市良好的生态环境。从双溪布洛国家公园到路边的鸟类庇护所，严格的管理和细致的措施处处体现出对自然的尊重。这一系列举措有效地节约了土地资源，提高了土地利用率，减少了不

① RODE P. Strategic planning for London: Integrating city design and urban transportation[J]. Megacities: Urban Form, Governance, and Sustainability, 2011: 195–222.

必要的损失和浪费。政府严格的管理也保证了工程项目的顺利进行。

新加坡的成功不仅在于其高效的规划和管理，更在于其对自然资源的尊重和珍惜。通过系统性和科学性的环境建设，新加坡不仅提升了城市的宜居性，也为其他城市提供了宝贵的经验和借鉴。新加坡的案例表明，绿色城市的建设不仅需要宏观的规划和政策支持，还需要细致入微的管理和执行，真正实现人与自然的和谐共生。

通过这一系列科学且系统的措施，新加坡不仅实现了城市的高效运转，还创造了一个宜居、可持续的生活环境。这种对自然资源的珍惜以及系统化的规划与管理，为全球其他城市提供了宝贵的经验，展现了在现代城市中实现人与自然和谐共生的可能性。新加坡的绿地系统优化，不仅是环境保护的成功案例，更是城市规划和管理的典范。

6.1.2.1 制定以政府为导向的顶层导则

制定具有强制性、周期性的顶层导则是建立建筑立体绿化设计体系的关键。它为整个国家的相关市场行业和人才培养提供了明确的目标和前进的方向。

（1）规划先行，滚动推进

20 世纪 60 年代初，新加坡政府制定了"花园城市"的目标，开始执行 10 年浚河计划和绿线、蓝线规划。1963~1965 年，新加坡通过全国性的植树运动启动了城市绿化运动，并成立专门的工务署负责城市公园建设和树木种植工作。此后十年，通过强制性法规确保国土总面积的 10% 以上用于建造公园和自然保护区，要求在最短时间内实现较高的城市绿化覆盖率。70 年代，政府着手制定城市道路绿化规划，加强环境中彩色植物的应用，强调城市特殊空间（如路灯、天桥、护坡、停车场等）的绿化。出台各类法规进一步精准控制城市绿化指标。例如，在公寓型房地产开发项目中，建筑用地应低于总用地的40%；每个房屋开发局建设的镇区中应有一个 10hm^2 的公园；每个房屋开发局建设的楼房居住区内 500m 范围应有一个 1.5hm^2 的公园；在房地产项目中每千人应有 0.4hm^2 的开放空间。80 年代，政府为更好实现城市绿化，减少维护管理费用，开始实行机械化操作和信息化管理，并提出种植果树的计划。90 年代，提出建设生态平衡的公园，发展更多各种主题公园，并建立大公园生态廊道系统，逐渐实现"花园城市"的初衷。

进入 21 世纪，新加坡政府启动了新一轮城市绿化规划，以城市森林为发展目标。10年代，享誉世界的滨海湾花园开始建设，其花穹、擎天树丛等建筑成为现代建筑与立体绿化结合的经典案例。政府主导的城市绿化推动逐渐转向由园林、建筑等相关市场行业和学术界主动探索研究。新加坡建设局主导推广绿色节能建筑，使新加坡从建设绿色环境迈向保护环境和与自然和谐共处的道路。

新加坡的经验表明，政府在城市绿化的顶层设计至关重要。通过强制性法规和科学规划，政府能够确保城市绿化目标的实现，并逐步引导市场和学术界参与其中，推动整体环境质量的提升和城市可持续发展。这一模式不仅提升了新加坡的宜居性和国际竞争力，也为其他城市提供了宝贵的借鉴和参考。

（2）法治保障，激励改善

新加坡建筑立体绿化体系的建立与推广很大程度上依赖于全面、综合的法规保障。1968 年，新加坡通过《环境公共卫生法案》开启了系统的法规制定进程。1975 年后，《清洁空气法案》《公园与树木保护法令》等更为具体的环境保护和公园绿化法规相继出台，从法律上强化了国民的环保和绿化意识。

例如，规划、建设、施工等各部门必须承担绿化责任，未达到规定绿地率规划不予审批；公共及民用建筑必须达到规定的绿地率，住宅小区高达 30%~40%；开发商不得随意移动或砍伐具有历史价值的大树；普通市民不可破坏公共绿化。2005 年前后，随着政府部门职责划分的更加明确，新加坡《国家公园局法令》的出台和更新，进一步巩固了其法律的严谨性。

2006 年以后，新加坡政府开始出台多项激励措施，通过降低房产税、提供奖金等方案，极大提升了市民和私营开发商的参与热情。自 2010 年起，新加坡成为全球首个实施现有建筑强制性最低环境可持续性标准的国家。根据《建筑管制法令修正案》，对建筑进行翻新的业主必须满足能效要求，包括更换或升级制冷系统时取得最低绿色标志认证评级，每三年提交制冷系统能效审计报告，遵守制冷设备能效标准，以及每年提交能耗数据和其他建筑相关信息。

新加坡通过全面的法规保障和激励措施，确保了环境保护和城市绿化的持续推进。政府不仅在政策上提供了坚实的法律基础，还通过激励机制激发了社会各界的积极性。这种综合性的方法不仅提高了绿化覆盖率和环境质量，也为全球其他城市提供了宝贵的参考范例。通过政府的引导和全社会的参与，新加坡实现了人与自然的和谐共生，展示了现代城市绿色发展的可能性。

6.1.2.2　建立以市场为导向的管理运作体系

高屋建瓴的政策及法规指导可以为建筑立体绿化设计体系提供最坚实的支撑基础。然而，无视市场需求的僵硬规划是无法实现的。因此，建立以市场为导向的监管执行单位是至关重要的一步。

（1）体系完善、分工明确的园林管理机构

1967 年，新加坡的绿化工作由国家发展部下属的公共工程局的公园和树木组负责。随后，该小组升级为公园和树木处，主要负责城市道路树木的种植。1973 年，将新加坡植物园合并，成立公园建设部门，负责整个国家在园艺和农业方面的建设管理，使新加坡城市绿化有了更为规范的行政管理。1990 年，为了摆脱更多经济发展方面的考虑，单纯保留在公园和植物园专业技术方面的管理，新加坡国家公园局正式成立，负责执行全国绿化政策。该机构由规划与资源署、园林营运署、滨海湾公园发展处以及新加坡花园城市私人有限公司四个部门组成，形成了公私混合的运作模式。国家公园局的成立标志着新加坡绿化建设从政府导向转型为市场导向的专业化发展。

（2）引领市场专业化、技术化的建筑建设部门

在 21 世纪初期，新加坡建设局开始研发专门针对热带及亚热带地区的绿色建筑评估工具，并成立了绿色建筑认证部门，推出体系化、科学化的绿色建筑认证指标。这些指标涵盖多种建筑类型和空间、被动式设计、可持续建筑材料的使用以及性能化设计和系统的开发。2005 年，借助宣传部门的配合，该认证计划向建筑行业和相关消费者推广。同年，通过公共服务部门牵头，实施各种激励方案和设定最低法定门槛，推动私营公司参与。2008 年，引入绿色建筑领导奖，表彰致力于企业社会责任和环境永续性的物业开发商。

在建设局的支持下，2009 年新加坡绿色建筑委员会（SGBC）成立。其目的是协助政府部门，倡导市场中的绿色建筑设计、实践和技术，提高人们对绿色建筑的意识、理解度和接受度。该委员会与政府的措施和激励机制相配合，推动建筑和建筑业拥有更好的可持续环境，减少建筑的碳足迹。国家公园局和建设局的绿色建筑认证指标的开发，为后续构建建筑立体绿化体系提供了重要的管理运作基础和技术支撑。

一方面，政府通过一系列强有力的政策法规，确保了城市绿化和环保措施的实施；另一方面，通过市场导向的管理体系，将专业化和技术化的建设标准引入市场，激励私营部门和市民积极参与。这种政府引导与市场调节相结合的方法，不仅提升了城市的绿化水平，也增强了社会各界的环保意识和责任感。新加坡的模式为全球其他城市提供了宝贵的经验，证明了通过合理的政策与市场机制的结合，城市可以实现可持续发展以及人与自然的和谐共生。

6.1.2.3　建立以市场为导向的管理运作体系

一套完善的城市绿化体系不仅仅依靠政策和主管单位的努力实施，更需要一批专业的技术团队来实现建筑立体绿化的设计和养护。因此，新加坡政府从景观养护和建筑设计两个方面着力培养符合政策和市场需求的技术人才。

（1）专业的景观养护人才教育

2007 年，新加坡国家公园局与劳力发展组织合作，成立了国家级园林养护技能资格鉴定培训机构——都市生态及绿化中心（CUGE）。该中心通过知识共享，推进城市绿化和生态知识的普及，为专业景观从业人员提供技术培训及从业资格认证。此外，CUGE积极与新加坡景观设计公司合作，为具备专业技能的人员提供招聘和就业平台。除了职业技术培训和招聘服务外，CUGE 还设有技术研发小组，专注于建筑立体绿化相关的植物景观技术创新，为城市景观及建筑绿化提供持续的创新动力。

（2）跨学科的建筑设计人才培育

①被动式的建筑立体绿化一体化设计

新加坡的设计界将立体绿化与建筑的结合形式总结为屋顶绿化（屋顶花园）、空中花

园、垂直绿化和种植阳台四种类型。然而，实地调研发现，设计策略并不局限于这四种形式。建筑师们将立体绿化与建筑形态、功能、空间和构件结合，推动了立体绿化与建筑一体化设计策略的发展。立体绿化不再是建筑的简单装饰，而是与建筑融为一体，发挥有机的生态、景观和实用功能。例如，屋顶绿化和空中阳台作为半室外空间的转换利用，垂直绿化和阳台种植作为建筑墙体和阳台构件的结合设计，以及将屋顶花园作为休闲娱乐场所的创新应用，赋予了建筑新的功能。

②主动式的绿色建筑节能设计

除了被动式设计，新加坡的新建建筑中主动式绿色建筑也已成为主流。为了支持绿色建筑行业，新加坡建设局下属的教育和研究机构——新加坡建设专科学院设定了在2020 年以前培养 20000 名绿色建筑专家的目标。这些专家涵盖专业级、经理级、工程师级和技术人员级，通过跨学科交流合作，将能源、资源和建筑设备等内容纳入建筑设计中，努力实现低能耗、零污染和自循环的环境友好型建筑。除了新建建筑外，本土建筑师还积极进行旧建筑的节能改造，通过节能设计使其达到绿色建筑标准。这类旧办公楼、商场、酒店和混合大楼的改造，为设计师提供丰富的实践经验。

新加坡的成功不仅在于政府的政策引导，更在于市场导向的管理运作体系的建立。这种体系不仅包括政策法规的实施，还依赖于专业技术人才的培养。通过 CUGE 和新加坡建设专科学院等机构、政府和市场合作，培养了大量具备专业知识和技能的景观养护和建筑设计人才。这些人才不仅推动了城市绿化和建筑设计的创新，还确保了这些项目的可持续性发展。

绿色城市的发展不仅需要宏观层面的政策支持，还需要微观层面的技术和管理体系作为支撑。通过建立市场导向的管理运作体系，新加坡不仅实现了高效的城市绿化和建筑节能，还为全球其他城市提供了宝贵的参考范例。未来的城市发展，需要更多这样的综合性、系统性的管理和技术创新，才能真正实现人与自然的和谐共生。

6.1.2.4 建立以市场为导向的管理运作体系

新加坡政府通过其影响力，每年举办设计、节能等行业竞赛，带动整个行业的发展和人才的培养。通过与高校的合作，激发学者和学生对建筑立体绿化的创新思考，并与全球各地高校合作，逐步将新加坡建筑立体绿化体系从最初的政府行为推广为市场行业选择，最终奠定其世界性的影响力。

（1）良性竞争的优秀行业作品竞赛

为了更有效地鼓励开发商在项目开发中重视建筑立体绿化，新加坡国家公园局从2001 年起举办"花园城市奖"竞赛，比赛分为六大组别，包括商业办公楼和购物中心组、酒店组、私人住宅组、公共住宅组、公共机构和工业大楼组，并为获奖作品提供政策奖励。这不仅提高了业主、开发商、建筑师和管理公司对建筑绿化的认识，还为建筑项目本身带来了奖励和声誉，实现了政府与社会的双赢。此外，国家公园局还设立了"新加坡景观建筑奖"（2005 年）和"立体绿化优秀作品奖"（2008 年）等竞赛，积极促进了新加坡建筑设计师在立体绿化与建筑一体化设计方面的探索与创新。

（2）多元学科交流的学术会谈

新加坡的各类大专院校，特别是新加坡国立大学，积极参与环境可持续性的研究与探讨。这些院校在各专业领域教育学生和职业技术人员建筑立体绿化的相关知识，为国家的景观生态保护和建筑环境优化作出学术贡献。例如，新加坡立体绿化国际会议（ISGC）自 2010 年起每年在新加坡举行一次，由新加坡国家公园局、新加坡城市生态及绿化管理中心、新加坡景观产业协会、新加坡景观建筑协会和新加坡国立大学共同举办。会议内容包括立体绿化创新发展论坛、设计事务所作品展、兴趣讨论会和新加坡优秀作品游览等相关学术活动，促进了跨学科的学术组织的形成和知识交流。

（3）积极活跃的国际合作

新加坡政府通过积极的国际合作，向全球推广其系统理念。新加坡建设局国外也参与了不少绿色建筑项目的咨询、培训和标准制定等工作。例如，在中国天津生态城项目中，参考新加坡建设局的绿色建筑标志认证计划与我国住房和城乡建设部的绿星认证评估体系，共同制定了生态城的绿色建筑评估标准（GBES），并为项目相关技术人员和管理官员实施定制的培训计划，提高绿色建筑意识和技术能力。

总之，新加坡建筑立体绿化体系的建立，是从政府制定的顶层导则开始，为实现"花园城市"这一宏伟目标，通过规划先行、滚动推进的方式，逐步实现城市从环境污染到高绿化覆盖率的转变。政府通过法规保障和激励措施，提高公众的绿化意识和环境自觉性，为城市绿化的发展奠定了坚实的物质和精神基础。

随后，新加坡设置了专属的行政管理部门，以市场为导向，通过国家公园局和建设局分工管理城市绿化景观和绿色建筑。两大机构不仅仅行使行政管理权，同时在其引导下，建立了以环境可持续性、立体绿化、低耗能建筑为主的行业管理、技术研发和人才培养平台，推动了从政府主导到市场驱动的转变。

都市生态及绿化中心与新加坡建设专科学院的建立，实现了专业人才的职业化和技能化，培养了大量符合新加坡国家意志、满足市场需求、专业技术过硬的人才。这些人才为建筑和景观行业提供了强有力的支持，使得建筑立体绿化体系在实践中得以有效实施和推广。

通过行业竞赛和学术交流，新加坡保障了良性竞争和知识创新，同时通过国际合作，将其成功模式推广到全球，提升自身的国际影响力的同时，还为其他城市提供了宝贵的经验和范例。

新加坡城市绿地系统优化措施对武汉市绿地系统规划的启示在于，政府应全面介入绿地系统优化的全过程，既要柔性引导，又要刚性管控，强化城市绿地的保护和管理，推动生态修复和恢复。这种综合性策略将有助于提升城市的绿化水平和宜居性，实现可持续发展的目标。

6.1.3　波士顿城市绿地系统优化研究

提到全球城市绿廊系统的开创者，美国波士顿的翡翠项链（Emerald Necklace）无疑是首屈一指的案例。这一项目不仅开创了公园系统的范式，也成为城市绿道从规划到实践的成功典范之一。

俯瞰波士顿，翡翠项链景观带绵延十几公里，上面点缀着 9 座各具特色的公园，犹如一条碧绿的翡翠项链镶嵌在繁华都市中心区，这一形象的命名正是来源于此。

翡翠项链的设计出自美国景观设计之父、纽约中央公园设计者——弗雷德里克·劳·奥姆斯特德（Frederick Law Olmsted）之手。1878 年，波士顿议会委托奥姆斯特德，希望借助系统的公园规划来解决城市中的"脏乱差"问题。奥姆斯特德提出了名为"绿丝带"的方案：全长 16km 的绿廊，串联起 9 个公园，通过链状结构解决一系列城市自然缺失问题。翡翠项链由此成为世界上第一条真正意义的城市绿道（图 6-2~图 6-4）。这一设计不仅在当时开创了城市绿化的先河，也成为现代城市规划的重要参考。

奥姆斯特德认为城市居民需要经常接触自然，这不仅是他们的生理需求，更是他们的精神需求。他希望通过链状公园带，打破大型公园的单一性，使公园带成为沿线社区的中心。公园要有差异性，从城市中心的休闲娱乐到远郊的荒野探险都囊括其中，以满足

图 6-2　从保德信中心 Skywalk 观景台拍摄的波士顿公园鸟瞰
资料来源：Jared C. Benedict

图 6-3　1775 年波士顿的平面图

资料来源：American Revolutionary Geographies Online（ARGO）

图 6-4　1894 年 1 月奥姆斯特德的翡翠项链规划图

资料来源：Norman B. Leventhal Map Center

不同市民的需求。1903 年，翡翠项链基本成形，绿廊系统串联起城市的 12 个主要区域，沿线社区的活力被激活。翡翠项链在空间上与联邦大道公园、波士顿公园和公共花园连通，形成贯穿整个城市的绿色走廊，引导城市的发展。

　　奥姆斯特德的设计充分展现了他的人文主义和自然主义理念，构建了一个丰富均衡的公园体系、线性优美的绿色廊道和活泼生动的公园设计。翡翠项链不仅是城市绿化的一部分，更成为城市发展的引擎。通过将公园和绿地系统与社区发展相结合，他创造了一个既满足居民日常需求，又提升城市生态质量的综合性绿色廊道。这个项目展示了绿色基础设施在城市规划中的重要性，也为现代城市提供了可行的绿色发展路径，其设计理念和实际效果令人印象深刻。

6.1.3.1 多样的园——功能丰富、布局均衡的城市公园体系

（1）主题不一，特色各异

翡翠项链由 9 个各具特色的城市公园组成，总占地面积约 450hm²。与传统的"绿地 + 广场式"城市公园不同，这些公园主题鲜明、功能多样。包括城市公园如奥姆斯特德公园（Olmsted Park）和牙买加公园（Jamaica Park），公共活动场地如波士顿公地（Boston Common）和公共花园（Public Garden），线性公园如马省林荫道（Commonwealth Avenue）和滨河绿带（Esplanade），沼泽地如后湾沼泽地（Back Bay Fens），植物园如阿诺德植物园（Arnold Arboretum）等。漫步其间，各具特色的景观和多样化的主题让人目不暇接，不同类型的公园满足了市民各种需求，从休闲娱乐到自然探索。

（2）分布均衡，大小结合

波士顿的城市公园分布均匀，各公园间相距平均 1~2km。虽然单个公园规模不大，但公园绿地系统层级分明，包括市级综合型绿地、片区级绿地、小型社区绿地和街头绿地，均衡分散在城市中。通过绿廊连接，增强了公园的通达性，实现了绿地 500m 半径全覆盖。

在波士顿的布鲁克莱恩地区（Brookline），更加注重绿色空间的均衡分布，将生态绿意引入城市、住区和校园，建设多样化的绿色空间。这里既有自然保护区、历史公园、线性公园等大型城市公园；也有社区公园、墓地、学校场地、小镇场地、交通岛等小型绿地。大小兼有、类型多样的绿地均衡分布在城市中，漫步在布鲁克莱恩的大街小巷，随处可见的绿意让人感受到城市与自然的和谐共生。

波士顿的翡翠项链不仅仅是一个城市绿化项目，更是一个综合性的生态系统工程。通过多样化的公园设计和均衡的绿地分布，波士顿成功地将自然引入城市生活的方方面面。这样的设计不仅满足了市民的多样化需求，也提升了城市的整体生态质量。

6.1.3.2 依托线性廊道串联起各个绿意空间

奥姆斯特德认为，公园绿地建设应超越公园的界限，从更高的视角考虑，通过开敞线性空间将城市中分散的公园绿地有机联系起来，与区域生态格局连接成一个整体。这种设计不仅扩大了绿地的服务范围，更有效地保护了生物多样性，满足了人们对绿色公共空间的需求。针对不同的空间环境因地制宜，打造了不同类型的线性廊道。

（1）城镇空间中的线性绿廊

在城镇空间中，线性绿廊主要依托林荫道、河道绿地、公园道路等，将分散的城市公园、街心绿地、滨河绿地、沼泽地、河道景区、湖泊和自然保护区等开敞空间公园串联起来，形成一个有机联系的城市公园体系。游人可以在这些线性绿廊中散步、跑步、骑行和游憩，从一个公园到另一个公园，连续地感受自然绿意。奥姆斯特德利用查尔斯河和马省林荫道等连接起若干个公园，完善了绿廊的休闲、水土保持、生态廊道和交通替代等功能。

翡翠项链公园的线性串联不仅关注公园绿地与生活文化的融合，还致力于将城市商业区、文体休闲场所、历史文化遗址等通过线性廊道有机连接起来。例如，贝蒙特镇的 Waverley Trail 将街头绿地、商业店铺、教堂和郊野公园等众多空间串联起来，为居民提供了连续的健身和休闲空间。

（2）郊野空间中的线性绿廊

奥姆斯特德还将线性绿廊延伸到城镇周边的郊野空间中，利用原有的生态廊道连接草地、林地、河流等自然空间，构建郊野线性绿廊。重视对原生态的保护，避免过度人工开发，使游径两旁的树木自然生长，保留最为原生的自然景色。在这些郊野绿廊中，游人可以骑行、散步、游憩、遛狗，体验充满生机的生态环境。

波士顿为线性绿廊提供了多种类型、充满趣味的游览方式，包括步行步道、通勤小火车、河道小船和自行车等，进一步增强了人们的体验感和参与感。这些多样化的交通方式不仅提高了绿廊的可达性，也增加了市民与自然互动的机会。

6.1.3.3 用多样的设计手法营造生动的城市空间

（1）因地制宜，布局开敞通透的公园绿地系统

奥姆斯特德在设计景观过程中追求空间的扩展感和通透性，他提倡通过中央开阔的大草坪和连绵的场地营造广阔的空间环境。他认为在任何时候，对所有人而言，公园提供的开放的自然，即是最为明确、最为宝贵的满足感。开敞的绿色空间不仅是城市居民主要的休闲放松和游憩娱乐场所，开阔的湖面、绿绒毯般的草地、温暖的阳光让人们的内心得到舒缓和放松。此外，开阔的绿地系统还为改善城市小气候、调节城市生态环境提供了载体。

在翡翠项链公园的设计中，奥姆斯特德充分利用自然起伏的地形，以大片疏林草地作为景观园林的主题，通过水道和绿道组成的绿色廊道为纽带，连通湖泊、沼泽以及其他绿色斑块，形成层次丰富的绿色开敞空间。他提倡给树木以充足的空间，充分发挥单株树的效果，通过在大草坪上自然分布一些乔木和灌木，形成视线焦点，既通透开敞又不会一览无余，大大增加了观景的趣味性。这种设计不仅增加了公园的观赏性，还为市民提供了多样的休闲选择。

（2）多元功能，赋予城市公园更多的活力

奥姆斯特德高度重视人本主义理念，强调要为人们打造舒适、温馨的公园环境。他曾说道："你将会看到很多的基督徒走到一起，来自各个阶层，在这齐聚一处的景象中有着鲜明的喜悦。"基于这一理念，波士顿公园划分了多个功能分区，不同分区的景观风貌、主题文化、开敞空间各有特色，吸引了社会不同年龄段、不同职业的市民来此休闲游憩。

漫步其中，看到天鹅湖（Frog Pond），湖中有很多天鹅在自由自在地享受自然，湖上的天鹅船是一种传统脚踏船，吸引众多游客体验。公园中部保留有大片草坪和开敞空间，经常用于大众集会、国庆游行等各种活动，吸引大量游客聚集休憩。网球场、棒球场等运动场地为市民提供室外活动的空间，场地经常举办社区棒球赛。帕克曼音乐台被重新装修后，现在主要用于音乐会、集会与演讲。

多元功能区块吸引了不同背景的人群聚集，将人的被动欣赏与主动参与结合起来，使得人也成为公园的一景。漫步在公园中，看到有跑步者、家庭在露天聚会、文艺爱好者在举办音乐会、年轻人在游戏、儿童在涉水池嬉戏，甚至还有小动物在悠然地散步，一派生机勃勃的景象。这种多样化的设计不仅使公园充满活力，还增强了社区的凝聚力和居民的幸福感。

（3）尊重历史，打造露天的自然历史博物馆

波士顿高度重视历史文化的传承，并将历史文化与城市公园建设有机结合，让人们在日常游憩中感知历史的印记。马萨诸塞州水库（Fish Hill Reservoir）建于1893年，水库及其门楼已是英国国家注册历史性地标。虽然水库已不再使用，但为了保护历史文化资源，2000年初这里被打造成一个水库公园。水库公园对公众开放，斜坡上设有观众座位，周围环绕着重建的林地、潮湿的草地和梯田等各种景观；原水库流域改造成草地，游人可以在草坪上散步、聚会；水库门楼被保留下来并进行了修复，将历史印记保存下来。

在波士顿自由之路上有一个非常独特的街头公园。原址是一栋建筑（the Great House and three Cranes Tavern），曾被当作客栈酒馆和社区生活中心，后来在战争中被夷为平地。为了纪念历史，小酒馆的遗址被保留下来，并成为城市一处开放公园，现在建筑的地基和原始木柱位置依然在，旁边的青铜牌匾刻着与建筑有关的历史。

（4）保持野趣，尊重"那里的精灵"

奥姆斯特德倡导尊重自然之美，尽可能减少人对自然的干扰，他希望设计能忠于自然环境的特征，相信每一处都有其生态和灵性的特质，他称之为"那里的精灵"。翡翠项链公园坚持自然主义理念，在场地适宜性、植物种植、竖向设计和材料应用方面采用自然式、乡土式的规划设计，尽量减少人工痕迹；尊重原有地形，减少动土量，结合湖泊、沼泽等天然景观元素，解决自然防洪排涝问题，并形成宜人的湖边景观；保持原有自然绿地和本地树种，创造生物多样性环境，保证植物的良好生长和鸟类的繁殖；增加野趣，通过保留原有自然地形格局、种植特色树种、吸引野生动物聚集、加强亲水性等多种方式，突

出自然生态的趣味性。

　　徜徉在翡翠项链公园中，保留了原生湿地的植物群落，后湾沼泽地弯曲通畅的流水、朴素浪漫的石桥、自由散植的大树，保留了自然野性美，看到了人与小动物、自然和谐相处的乡野风光。

6.1.3.4　波士顿公园体系的启示

　　（1）加快城市公园建设进度，打造大小结合、分布均衡、主题鲜明的公园体系

　　借鉴波士顿丰富、多样、均衡的城市公园体系，大城市应尽量建设一处大型植物园，并鼓励有条件的城市建设儿童主题公园，结合公共绿地植入儿童游憩和科普教育功能。各行政街道和镇区应建设面积在 $3000m^2$ 以上的中心公园，特别是在新区同步建设片区级城市公园。同时，要重视社区公园和街头绿地等小游园建设，见缝植绿播绿，力争做到"300 米见绿、500 米见园"。这种布局不仅提升了城市的生态环境，也为居民提供了更多休闲娱乐场所。

　　（2）依托古驿道、绿道、风景道、河流、林荫道等线性绿廊，连接各个生态斑块

　　结合古驿道和绿道网建设，加快完善相应的建设标准和技术指南，指导各地加强线性绿廊与城市公园、城市开敞空间、历史文化节点和郊野绿地之间的连接，建立城市公园与区域生态斑块之间的联系。完善线性绿廊中的标识牌、驿站、公厕、小卖部等服务设施配置，让市民或游客可以在线性绿廊中散步、跑步、骑行、游憩甚至郊野探险，充分感受公园建设所提供的自然绿意。这种设计不仅改善了生态环境，还增加了城市的文化和休闲体验。

　　（3）划定多功能分区，让不同人群都能在公园中找到适宜的活动空间

　　多功能组合是波士顿公园最突出的特征之一。湖泊、草地、音乐台、游乐场、喷泉池等特色空间场地吸引了不同年龄段、不同职业、不同爱好者聚集。目前，我国不少城市公园功能较为单一，主要以休闲游憩为主，吸引的多为老人和儿童，城市公园的活力有限。

　　学习奥姆斯特德"来自各个阶层在此齐聚一处"的理念，通过设计手法打造特色各异的多功能分区，增强趣味性，让不同人群都能在公园中找到适宜的活动空间。例如，划定专为广场舞设计的台地，为市民锻炼跳舞提供宽敞而不扰民的空间；建设喷泉亲水池、沙池、游乐场，为儿童提供嬉戏玩乐的乐园；结合自然湖泊、绿地和疏林打造开敞通透的自然空间，供游人亲近自然、家庭聚会、音乐表演、散步遛狗等；围绕公园打造环形林荫道，为跑步爱好者提供锻炼的空间；划定休闲漫步游园，让老人可以在此休闲聊天、下棋。这样不仅丰富了公园的功能，还提升了市民的生活质量。

　　（4）将生态自然融入公园设计建设中，增加野趣

　　公园和古驿道的建设不需要大拆大建，只需尊重自然肌理，重视生态资源的保护和

培育。减少人工建设对生态系统的破坏,多建绿地、少建大规模铺装,增加公园绿意。使用生态化驳岸,打造木栈桥、亲水栈道等,增强亲水性。对于不可避免的人工建设,应呈现多视角的宜人、和谐线条,营造自然化效果;保留自然生长的树木、蜿蜒曲折的溪水、高低不平的缓坡,种植特色树种、吸引野生动物聚集。同时结合植物造景、小品点缀等手法,提升公园绿地的趣味性,使整体效果与自然环境相协调。这种设计不仅增加了公园的生态功能,还提升了其美观和吸引力。

（5）打造开敞通透的绿地空间,将公园和城市有机融合

借鉴奥姆斯特德追求"空间拓展感和通透性"的设计理念,结合湖泊、河流、草坡、疏林和林荫道等,打造开敞通透的绿地空间,将一个个城市公园有机串联,让公园和城市充分融合,构建一个美丽宜居的公园城市。这种设计不仅让城市居民能够从密集的建筑群中解放出来,到大自然中呼吸新鲜空气、释放天性,还提升了城市的整体美观和宜居性。

通过构建多样化、多功能的城市公园体系,可以有效提升城市的生态环境质量和居民的生活质量。借鉴波士顿的经验,在城市规划和公园建设中应注重多功能分区、线性绿廊的连接、历史文化的保护和自然生态的融入。这种综合性的设计理念不仅改善了城市环境,还增强了城市的文化和社会价值[①]。

6.2 武汉市域城市绿地系统优化研究

提高城市的碳氧平衡能力对于保护生态环境至关重要。从评价结果上来看,武汉市域绿地的碳氧平衡指数得分 7 分,城市绿地系统碳氧平衡良好,评价结果较好。近年来,武汉市高度重视绿地系统的建设和保护,注重提高绿地的质量和功能。通过增加绿地面积、改善植被覆盖率以及保护生态廊道等措施,武汉市的绿地系统具备良好的吸收二氧化碳和释放氧气的能力,从而实现了较好的碳氧平衡指数。这种正向的效果有助于改善城市空气质量,为居民提供更清新的生活环境。

空气质量与城市居民的健康和生活质量密切相关。绿地通过吸收和转化有害气体、过滤颗粒物、降低空气温度等作用,可显著改善城市的空气质量。因此,增加绿地面积、提高植被覆盖率是改善城市空气质量的有效策略。从评价结果上来看,武汉市域绿地的空气质量指数得分 7 分,评价结果较好。首先,武汉市在城市规划和交通管理方面采取了一系列的措施,以减少空气污染源,例如限制汽车尾气排放、加强工业废气治理等。其次,

① SHEKHU P. Planning Singapore: from Plan to Implementation[J]. The Making of the New Singapore Master Plan, 1998: 17–30.

武汉市注重绿地系统的建设，绿地具有吸附和净化空气中有害物质的作用，从而提升了城市空气质量。再次，武汉市还加强了环境监测和管理，及时掌握和处理空气污染问题，从而保障了较好的空气质量。

武汉市森林覆盖率指标评价结果得分 3 分，评价较差，对于森林覆盖率较差的评价结果，需要深入分析原因并提出优化研究分析。根据相关规划文件，武汉市在城市发展过程中面临着经济、土地利用等多重压力，导致森林覆盖率相对较低。为了改善这一情况，可以考虑以下方面的优化研究。

（1）推进城市林农业发展。通过在城市边缘区域和郊区积极发展林业和农业，建设城市森林公园和农田绿地，增加绿地面积和森林覆盖率。这些绿地系统具有较大的面积和较高的生态环境容量，能够有效吸收二氧化碳并释放氧气。

（2）优化土地利用规划。通过调整土地利用结构，合理规划和布局绿地系统，使绿地均匀分布于城市各个区域，并注重绿地的连通性，以提高绿地系统的碳氧平衡能力。

（3）加强城市绿地的保护和管理。加大对现有绿地的保护力度，提高绿地的管理水平，确保绿地的质量和功能得到有效维护。同时，鼓励居民参与绿化活动，加强绿地的社区管理和维护。

（4）强化生态修复和恢复工作。加大对受损生态系统的修复力度，例如湿地的恢复、河流的治理等，以增加城市的绿色生态空间和森林覆盖率。

6.3 武汉市中心城区城市绿地系统优化研究

6.3.1 生态功能优化研究

城市绿地系统的生态功能是指城市绿地在改善城市生态环境质量方面所发挥的作用。为了评估武汉市城市绿地系统的生态功能，本研究选取了城市热岛效应强度、空气质量指数、有毒气体吸收和涵养水源等十个指标，通过专家咨询和文献查阅，最终选取了碳氧平衡指数、降温增湿指数和空气质量指数三个方面对其进行评价。其中，碳氧平衡指数评估城市绿地系统对二氧化碳和氧气的交换情况，降温增湿指数评估其对城市热岛效应的改善作用，空气质量指数评估其对城市大气质量的改善作用。通过这些指标的评估，可以全面了解武汉市城市绿地系统在生态功能方面的表现和发展方向，为城市绿化和生态建设提供科学的指导。

武汉市中心城区降温增湿指数与空气质量指数都达到评价体系中Ⅱ级，属于较高水平；但中心城区碳氧平衡指数只达到评价体系中Ⅴ级，也是中心城区城市绿地系统在整个评价体系中唯一的一项Ⅴ级。究其原因，本研究认为可从两方面进行研究，一方面是固碳释氧的供需错配；武汉市中心城区城市绿地每年固碳量可达201370.5t，释氧量可达536757.3t，单从城市绿地固碳释氧量而言，属于同类城市中等水准，但武汉市中心城区人口密度较高，达到9229人/km²，远远高出全国平均水平，从而导致武汉市中心城区城市绿地提供的生态改善能力与人口碳排放失衡；另一方面，武汉市中心城区城市绿地在植物配置上还需改善，《武汉市城市绿地系统规划（2003—2020年）》中明确武汉市园林基调树种为樟树、广玉兰、桂花、大叶女贞、石楠、二球悬铃木、枫香、栾树、水杉、池杉[1][2]。根据史红文（2011）等相关研究，总结汇总了武汉市园林基调树种的固碳释氧量（表6-1、图6-5）[3]-[5]。

武汉市基调树种固碳释氧量　　　　　　　　　　　　　　　　　　表6-1

树种	拉丁名	固碳量 [g/(m²·d)]	释氧量 [g/(m²·d)]
樟树	*Cinnamomum camphora*	9.19	6.68
广玉兰	*Magnolia grandiflora*	7.96	5.79
桂花	*Osmanthus sp.*	10.58	7.70
大叶女贞	*Ligustrum compactum*	13.32	9.70
石楠	*Photinia serratifolia*	8.12	5.90
二球悬铃木	*Platanus acerifolia*	2.59	1.88
枫香	*Liquidambar formosana*	3.03	2.21
栾树	*Koelreuteria paniculata*	15.86	11.53
水杉	*Metasequoia glyptostroboides*	6.46	4.70
池杉	*Taxodium distichum var. imbricatum（Nuttall）Croom*	10.19	27.42

武汉市基调树种中二球悬铃木、枫香树固碳释氧能力较差，栾树、池杉、大叶女贞固碳释氧能力较好。故针对武汉市城市绿地系统碳氧平衡不足的问题，本研究提出了以下两方面的优化建议。一是应加强城市绿地固碳释氧的供需平衡管理。尽管武汉市中心城区城市绿地的固碳释氧量达到了同类城市的中等水平，但人口密度较大，城市绿地提供的生

① 史红文，秦泉，廖建雄，等.武汉市10种优势园林植物固碳释氧能力研究[J].中南林业科技大学学报，2011，31（9）：87–90.
② 李欣，蒋华伟，李静会，等.苏州地区10种常见园林树木光合特性研究[J].江苏林业科技，2014，41（1）：20–23.
③ 张艳丽，费世民，李智勇，等.成都市沙河主要绿化树种固碳释氧和降温增湿效益[J].生态学报，2013，33（12）：3878–3887.
④ 郑鹏，史红文，邓红兵，等.武汉市65个园林树种的生态功能研究[J].植物科学学报，2012，30（5）：468–475.
⑤ 董艳杰.不同林分类型生态服务功能价值评估——以上海浦江郊野公园为例[D].南京：南京林业大学，2019.

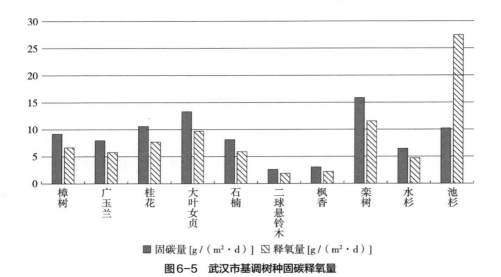

图6-5　武汉市基调树种固碳释氧量

态改善能力与人口碳排放存在较大差距。为了缩小这一差距，可以在城市绿地规划中优先考虑配置具有较强固碳释氧能力的植物，以达到更好的碳氧平衡和调节武汉市中心城区生态气候环境的效果。二是武汉市中心城区城市绿地的植物配置还需改善。本研究建议可以考虑引入更多具有高固碳释氧能力的植物，以提高城市绿地系统的整体生态效益。此外，需要对现有园林基调树种进行重新评估，重新规划植物配置以便更好地适应武汉市中心城区的生态环境，提高其碳氧平衡指数，实现更好的生态效益。

6.3.2　社会经济效益优化研究

城市绿地系统的社会经济效益由客观的植物绿化带来的直接与间接的经济效益和主观的使用者对于城市绿地系统的各方面的使用满意度评价组成。本研究从选取的绿地景观游憩吸引力、释氧固碳价值、滞尘价值、涵养水源价值等15个指标中，依据专家问询的方式结合查阅文献，最终选取释氧固碳价值、滞尘价值、城市园林绿化功能性评价值、城市园林绿化景观性评价值、城市园林绿化文化性评价值、城市容貌评价值6个方面对武汉市城市绿地系统的生态功能进行评价。其中前两者为定量研究，评价城市绿地系统带来的经济效益，其他指标为定性指标，以研究问卷的形式发放，从使用者的角度来评价城市绿地的各方面社会功能。通过以上评价，可以更全面地了解武汉市城市绿地系统的社会经济效益，并为进一步的优化提供参考。

武汉市释氧固碳价值与滞尘价值都达到评价体系中Ⅱ级，属于较高水平，带来的直接或间接的经济价值较高。武汉市城市园林景观性评价达到评价系统Ⅱ级，景观价值较高；然而武汉市城市园林绿化功能性评价、文化性评价及城市容貌评价都为Ⅲ级；即武汉市中心城区城市园林绿化功能性一般、文化价值一般、城市容貌一般，这说明武汉市城市绿地的功能性、文化价值与城市容貌的现状仍需加强；结合调查问卷与现场访谈的反馈来看，主要意见指向公园设施有待改善更新、文化宣传不足、各类设施标牌不够完善（图6-6）。依据调查问卷评分结果对比，不同公园与公园之间的差距较大，武汉市旅游景区如武汉市地标黄鹤楼公园、汉口江滩等公园各类评分均为前列，然而一些面向附近城市居民的公园，如青山公园、荷兰风情园等，则在不同程度上表现出上述的问题。

针对以上问题，可提出以下优化策略：①设施升级更新。为改善游客的游玩体验，应该加大设施升级更新力度，引入先进的设备和技术；同时加强设施的维护和保养工作，确保设施的正常运转和使用寿命。②加强文化宣传。公园是城市绿化的一部分，也是传承城市文化的重要载体，因此应该加强公园文化宣传，设置文化展示区、文化墙等，展示当地的历史文化和传统风俗。举办一些文化活动，吸引游客参与。③设施标牌优化。为方便游客使用，公园内的各类设施标牌应该更加完善。可以采用多种语言、图形、色彩等方式，将设施标牌设计得更加直观、易懂。除了以上的优化策略外，还应该加强公园管理和监督力度，培训和考核管理人员，提高管理水平和服务质量，为游客提供更加舒适和便捷的游玩环境。

《武汉市园林和林业发展"十四五"规划（2021—2025年）》中也提到"公园绿地设计和建设趋向模式化，植物造景品种及形式单一，与市民需求还有差距"。武汉市城市公园除了服务于旅游景点之外，大部分还是服务于附近城市居民。因此，应当因地制宜地挖掘城市绿地自身的空间场所特色，最大限度满足周边区域主要人群的需求情况进行配套建设。如洪山区关山荷兰风情园，西侧大门处聚集老年人较多，唱歌跳舞等活动丰富，相对应的空间与设施需求较大，但是现状各类设施匹配度仍有待改善，导致部分人群在西侧门口民族大道学生公寓公交站附近唱歌跳舞，对等候公交车的人群及对面学生公寓有较大

图6-6 武汉市问卷调查结果较差公园现状

影响。公园吸引力满意度的增加最终还是依赖于公园使用人群的建设与维护，良好的城市绿地系统是可以满足城市居民需求的有机综合体。

6.3.3 景观功能优化研究

城市绿地系统在城市生态环境中发挥着重要作用。通过对城市绿地系统的景观结构和格局进行优化，能够有效提高城市的总体生态环境质量，进一步发挥城市绿地系统在绿地生物群落多样性、候鸟保护、植被存活率等多方面的作用。本研究选取了绿地可达性、绿视率、景观类型密度、植被结构等 17 个指标进行评价，最终选定了绿地可达性、斑块破碎化指数、绿地分布均匀度三个方面作为武汉市城市绿地系统的景观功能评价指标。

武汉市中心城区城市绿地系统可达性依照评价体系为Ⅲ级，评价描述为绿地可达性一般。将武汉市中心城区绿地按可达性层次划分，可发现武汉市中心城区绿地可达性高与较高的区域大部分分布在二环线内（图 6-7），主要是江汉区大部分区域、江岸区黄浦大街南侧、汉阳区琴台大道北侧与江城大道东侧、武昌区二环线以北大部分区域、洪山区二环线以内。这部分区域也是武汉市的核心区域，内部路网密集，公共交通覆盖度高，区域内的城市绿地多为武汉市著名旅游风景区，如黄鹤楼公园、汉口江滩、晴川阁景区、沙湖公园等。然而，这些区域也面临着人口密度大和建筑密度高等问题，因此需要采取一系列措施来进一步改善绿地系统可达性和城市环境质量。其中，值得考虑的措施包括多结合小型公共开敞空间设置"口袋公园"，优化现有区域内城市公园的设施，做到"见缝插绿"，以改善二环内城市的热岛效应。此外，可以适度增加建设和更新城市绿地，为居民提供更多的户外休闲和娱乐场所，提高城市居民的生活质量。具体优化策略可分为以下四个方

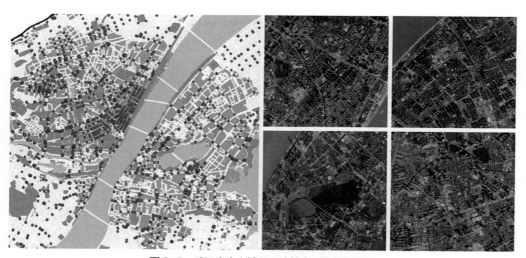

图6-7 武汉市中心城区可达性高/较高绿地图

面：①补充更多数据支撑分析，例如人口密度、城镇化进程等，以增强分析的可信度和说服力。②提出更具体、可操作性的建议，例如增加多少小型公共开敞空间或城市绿地等，以便于政府、市民和其他相关方面的落实和参与。③将绿地系统可达性评价与生态环境评估相结合，加强绿地的生态功能和生态价值，以满足城市可持续发展的要求。④分析不同城市区域的居民需求和偏好，以提供更为符合实际需求的绿地和公共开放空间。

武汉市中心城区绿地可达性一般的区域大部分分布在二环线外、三环线内（图6-8），此区域为武汉市中心城区城市居民主要居住与工作的区域。然而，城市界面参差不齐、道路路网不完善、公共交通覆盖率不高等问题，导致这些区域城市绿地的吸引力较上一个区域稍差，除东湖景区外此区域内的城市绿地大多为附近居住与工作的人群使用。

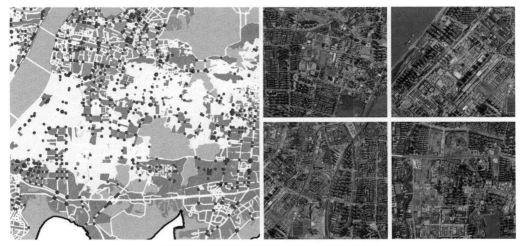

图6-8　武汉市中心城区可达性一般绿地图

要优化这些区域内的城市绿地系统，需要解决以下三个问题。

①完善道路路网。这些区域内道路路网不完善，存在断头路、效率较低的交叉口、路况较差的道路等问题。为了提高交通可达性，应优化此类道路，并提高居民出行的满意度。

②提升城市界面。这些区域是城市更新重点区域，需要解决城市空间的浪费与低效使用问题。应当完善旧城空间改造，新增各类城市"口袋公园"，提高居民到达城市绿地的可达性，改善城市生态环境。

③更新现有城市绿地。实地调研采访发现满意度较低的城市公园大多处于这个区域内。因此，应当改善现有区域内城市公园内部的各类设施，提高现有区域内城市公园的满意度，从而提高这些区域的城市绿地系统的吸引力。

在优化此区域内的城市绿地系统时，应该注重多方面的因素。如在提升道路路网时，需要考虑交通拥堵对环境的影响；在城市界面的提升过程中，需要对城市天际线与历史建筑的保护进行综合考量；在更新现有城市绿地时，需要考虑居民的需求，增加运动、休闲

图6-9 武汉市中心城区可达性低/较低绿地图

等设施，以提高城市绿地系统的吸引力。

武汉市中心城区绿地可达性低与较低的区域较少，大部分分布在三环线外至各区的行政边界内（图6-9），其中可达性低的区域大致分布南至高新四路西至三环线，北至青化路东至武汉绕城高速。区域北部发展现状较差，受地形影响，严西湖占据大部分面积，道路覆盖度低，武鄂高速与武汉绕城高速在此交会，仅有花城大道、花山大道两条主干路，道路断头路多，路况较差；区域西侧紧靠东湖景区与三环线，建设有多条铁路，难以进行有效的路网布置；区域南部主干路覆盖度差，花山大道与高新大道交汇后光谷五路延伸，通行密度较低，光谷四路、光谷五路、关豹高速交会区域有待建设。

此区域的优化主要还是基于路网等级、路网密度与公共交通部署来进行相应的城市绿地建设。路网等级优化方面：此区域内在建设城市主干路时应当考虑适当增加绿化带，这可以有效地缓解城市热岛效应，提高城市生态环境质量。同时，为了保护城市绿地的完整性，应该避免在城市绿地内修建高速公路等交通设施，以免破坏城市绿地的生态环境。路网密度优化方面：此区域应该适当增加道路的密度，以便更好地连接城市绿地。这可以促进城市绿地的交通运输，提高城市绿地的可达性和可利用性。此外，在城市绿地规划中，应该注重人行道和自行车道的建设，以鼓励居民步行或骑车出行，减少对汽车的依赖，从而降低城市绿地的交通压力。公共交通部署方面：可在城市绿地周边增加公交站点和轨道交通站点，方便居民进出城市绿地，同时也可以减少私人汽车出行的需求。此外，应该鼓励使用环保型的公共交通工具，如电动公交车、地铁等，以降低城市绿地的空气污染程度，提高城市绿地的质量和可利用性，改善城市居民的生活质量。

武汉市中心城区城市绿地斑块破碎化达到评价体系中Ⅱ级，属于较好水准。城市绿地分布均匀度评定等级为Ⅲ级，属于一般水平，依据武汉市中心城区城市绿地分布渔网分割图（图 5-16）可以看出主要原因为武汉市中心城区内水系较多，缺失的绿地分布往往也是路网密集度较低的区域，即武汉市东北部三环线以外，此区域的城市绿地缺失导致了城市绿地分布均匀度的失衡。其对应的优化策略可分为以下三个部分。首先，应该考虑在武汉市中心城区内水系较多、路网密集度较低的区域增加城市绿地，以提高城市绿地分布均匀度。可以通过改善绿地可达性、加大绿地用地比例等措施来实现。其次，可以考虑增加中心城区内现有的城市绿地之间连通性，进一步增强城市绿地的连续性和整体性，减缓城市绿地的斑块破碎化。最后，应该对武汉市中心城区城市绿地的分布进行全面规划和设计，充分考虑城市发展的长远性和可持续性，以确保城市绿地的合理布局和良好品质。

6.3.4 空间结构优化研究

城市绿地系统空间结构布局是城市绿地系统规划的重要内容，其形态与分布的合理与否极大地影响城市的生态与景观效益。本研究从选取的中心城区绿化覆盖率、中心城区绿地率、城市人均公园绿地面积及绿化覆盖面中乔、灌木所占比率等 17 个指标中最终选取中心城区绿化覆盖率、中心城区绿地率、城市人均公园绿地面积、万人拥有综合公园指数、公园绿地服务半径覆盖率、古树名木保护率 6 个方面对武汉市中心城区城市绿地系统进行评价。

武汉市中心城区城市绿地系统在该准则层的评价下表现较优，在中心城区绿化覆盖率、中心城区绿地率、城市人均公园绿地面积、万人拥有综合公园指数、古树名木保护率 5 个指标中达到了 I 级，属于优秀水平。但公园绿地服务半径覆盖率为 III 级，属于一般水平。

通过现场拍摄、街景地图拍摄等线上线下结合的方式对武汉市中心城区公园绿地服务半径覆盖率低的区域进行调研（图 6-10），发现此类区域大多位于以前的工业区，如汉阳区水仙里社区、青山区钢花村社区等。此类社区大多建设于 20 世纪 90 年代初，建筑面貌一般，无地下停车场，车辆随意停放，道路略显拥挤，缺乏较大的城市绿地或城市公园，现有的社区公园也很难满足居民使用需求，这些区域存在带状绿地，且植被现状较好，但仍然迫切需要点状城市绿地。

针对以上现状各类问题，提出以下几点优化策略：①针对现状区域车辆随意停放，政府可以通过政策和宣传引导市民规范停车，减少车辆随意停放。如在周边商业区域设立停车场，鼓励市民使用，同时限制路边停车，加大执法力度；并鼓励商业和住宅区业主建设地下停车场，提供相关政策和财政支持。②政府可以出台政策鼓励建筑业主改善建筑外观，例如通过政策奖励或减免税费等方式，激励业主对建筑外墙进行绿化或艺术

图6-10　武汉市中心城区公园绿地服务半径覆盖率低区域

装饰。③针对城市绿地的缺口，可将现有破旧开敞空间或自行车棚等区域改造为"口袋公园"或社区绿地，以满足社区居民的使用需求。同时，可以探索和推广建立城市绿地共建共管的机制，增强公众的参与意识和责任感，进一步提升城市绿地系统的管理和维护水平。

6.3.5　防灾避险功能优化研究

城市绿地系统防灾避险规划是一项重要的城市规划工作，它涵盖了城市绿地系统规划的各个方面和各个层次，旨在确保城市在遭受自然灾害时能够最大限度地减少损失并保障市民的生命财产安全。本研究从选取的历史灾害分布、公园绿地应急避险场所实施率、防灾避险绿地可达性、绿地防灾避险设施率等10个指标中最终选取人均防灾避险绿地面积、防灾避险绿地面积占公园绿地面积比例、防灾避险绿地服务半径覆盖率、防灾避险绿地可达性4个方面进对武汉市中心城区城市绿地系统的生态功能进行评价。

通过对数据的分析，发现武汉市中心城区的防灾避险绿地数据较少。因此，本研究将潜在可作为防灾避险绿地的城市绿地也计算在内，结果显示武汉市的人均防灾避险绿地面积评级为Ⅱ级，属于较好。但是，防灾避险绿地面积占公园绿地面积比例、防灾避险绿地服务半径覆盖率、防灾避险绿地可达性这3个指标评级为Ⅲ级，属于一般。具体来说，武汉市缺乏层级完善的防灾避险体系建设。除了洪山广场、洪山幸福湾公园等城市绿地外（图6-11），其他潜在可作防灾避险绿地的场所大多未配备应有的防灾避险设施。因此，应该在公园体系建设的基础上，加强防灾避险设施的配备，建立健全的防灾避险体系，提高武汉市的防灾避险能力。

图 6-11　武汉市城市绿地防灾避险设施举例

6.4　武汉市汉阳区城市绿地系统优化研究

6.4.1　生态功能优化研究

汉阳区生态功能评价指标中，本研究选取碳氧平衡指数与降温增湿效果两个指标对汉阳区区域内的城市绿地系统的生态功能进行评价。依据结果汉阳区碳氧平衡指数与降温增湿效果评级都为 V 级，评分 1 分，评价描述分别为城市绿地系统碳氧平衡差、绿地系统降温增湿能力差。

经过对汉阳区城市绿地系统的深入研究与分析发现，该区域的城市绿地结构存在一定的脆弱性和不足之处。目前，主要的城市绿地集中在月湖风景区及周边、墨水湖公园及周边以及龙阳湖及周边 3 个区域。在整个区域内，绿地水系呈现出多点面状的特点（图 6-12）。具体而言，绿地主要分布在琴台大道东侧、江城大道和墨水湖北路等道路的两侧。然而，在龙阳大道、玉龙路等纵向道路以及玫瑰街、百合街、银杏街等横向道路上却缺少城市绿地。而这些缺少城市绿地的地区恰恰是汉阳区人口密集的居住区域。

为了改善这一状况，提高汉阳区城市绿地系统的功能与效益，可利用琴台大道、汉阳大道、二环线、汉新大道和三环线作为横向道路骨架，利用龙阳大道、江城大道和国博大道作为纵向道路骨架，形成"四横三纵"的城市绿道通廊。同时，将这些通廊与月湖、墨水湖和龙阳湖三大绿地核心相连接。这样的优化策略必将极大地促进汉阳区城市绿地系统的碳氧平衡和降温增湿功能的发挥。通过最大限度地发挥城市绿地在缓解城市热岛效应方面的生态作用，将为城市居民创造一个更加舒适的城市人居生态气候环境。通过建立城

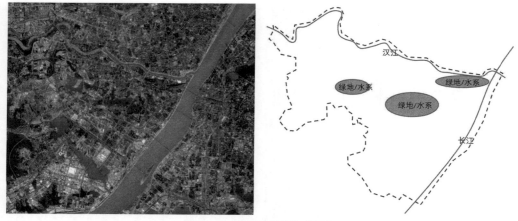

图6-12 汉阳区绿地构成简图

市绿道通廊可以将不同的绿地核心连接起来，形成一个完整的绿地网络。这将有助于促进生态流动，提高生物多样性，并为居民提供更多的休闲娱乐空间。

对于汉阳区城市绿地系统的优化，还可以考虑以下几个方面。首先，进一步加强绿地建设与管理，注重景观的设计与维护，提高绿地的美观性和可持续性。其次，积极推广屋顶绿化、立体绿化和垂直绿化等手段，在城市中增加绿色空间的利用率。同时，注重绿地与建筑环境的协调，使绿地与建筑物相互融合，形成和谐统一的城市景观。此外，加强绿地教育与宣传，提高市民的环保意识，促进公众参与城市绿地的建设和保护，创造一个更加宜居、舒适的城市生活环境，并促进城市可持续发展的实现（图6-13）。

图6-13 汉阳区城市容貌图

6.4.2 社会经济效益优化研究

汉阳区社会经济效益指标中，本研究通过实地调研发放问卷等方法，对汉阳区城市园林绿化功能性评价值、城市园林绿化景观性评价值、城市园林绿化文化性评价值与城市容貌评价值进行评价分析。依据结果汉阳区城市园林绿化功能性评价值评级Ⅱ级，评分7分；城市园林绿化景观性评价值评级Ⅰ级，评分9分；城市园林绿化文化性评价值评级

Ⅱ级，评分 7 分；城市容貌评价值评级Ⅲ级，评分 5 分；评价描述分别为汉阳区城市园林绿化功能性较好、景观价值高、文化价值较高、城市容貌一般。

经过对汉阳区城市容貌的实地调研，可以发现城市容貌一般的区域主要集中在玫瑰西园社区、二桥水仙里社区、磨山社区、汉锅小区及其周边区域。这些小区大多是 20 世纪 90 年代或 21 世纪初建设的，有些是原汉阳工业区的附属家属小区。在最初的建设规划中，对人居环境的要求相对较低。加之 20 年来小区的维护修缮不力，导致现在小区的环境无法与附近城市建设和居民需求相匹配。对于这类小区应该注重建筑的修缮和加固工作，同时进行公共设施的翻新建设，如小区道路、花坛等。此外，解决停车难问题也是一个重要的方面。可以考虑通过设置立体停车场等方式来解决老旧小区用地紧张的问题。在优化这类小区的过程中还需要考虑到居民的需求。可以引入一些便民设施，如便利店、小型超市等，以满足居民的日常生活需求。此外，为了提高小区居民的生活质量还可以在小区周边规划一些休闲娱乐设施，如公园、健身区等。这样的综合措施既能有效提升小区整体品质与环境，又能满足居民的真实需求，为居民创造一个更美好、舒适的居住环境。

6.4.3　景观功能优化研究

汉阳区景观效益评价指标中，本研究选取绿地可达性与绿化覆盖率两个指标对汉阳区内的城市绿地系统的景观功能进行评价。汉阳区绿地可达性评级为Ⅱ级，评分 7 分，汉阳区绿化覆盖率为Ⅰ级，评分 9 分，评价描述分别为汉阳区城市绿地可达性较好、城市绿化覆盖率高。

将汉阳区绿地按可达性层次划分，可发现汉阳区绿地可达性高与可达性较高的区域占比较大，在汉阳区东部（图 6-14），西至龙阳大道二环线、北至汉江、南至杨泗港快速通道、东至长江。这部分区域也是汉阳区的核心区域，内部路网密集，公共交通覆盖度高，区域内有琴台景区、墨水湖公园等绿地资源。然而，这些区域也面临着人口密度大和建筑密度高等问题，城市绿地系统的可达性及城市环境质量亟待改善。为解决这些问题，建议可以采取一系列措施来提升绿地系统的可达性和城市环境品质。可适度增加城市绿地的建设和更新，以提供更多的户外休闲和娱乐场所。随着城镇化进程的推进，人们对于绿色休闲空间的需求日益增加，因此增加城市绿地的建设和更新，可以为居民提供更多选择，提高居民的生活质量。这包括新建公园、广场等绿地项目，以及对现有绿地的改造和升级，以满足不同层次市民的不同需求。此外，还可以通过推行绿色建筑和生态规划等措施，进一步改善城市的环境质量。绿色建筑可以减少建筑物对能源的消耗，降低碳排放，促进城市可持续发展。生态规划则是通过合理规划城市区域，保护自然生态系统，提高城市的生态环境质量。

图6-14 汉阳区可达性高／较高绿地图

　　汉阳区绿地可达性一般的区域大部分分布在杨泗港快速通道以南、南太子湖以北，以及琴台大道、二环线、仙女山路围合的区域（图6-15）。这个区域是汉阳区城市居民的主要居住和工作区域，其城市绿地的吸引力对于居民的生活质量有着直接的影响。然而，这个区域的城市绿地系统面临着几个关键的问题，包括城市界面不统一、道路路网的不完善。这些问题的存在，导致这个区域的城市绿地的吸引力相较于上一区域略显不足。城市绿地是构成城市生态环境的重要组成部分，对于改善城市气候、净化城市空气、缓解城市热岛效应、维护城市生物多样性等都具有重要的作用。而优化城市绿地系统的关键在

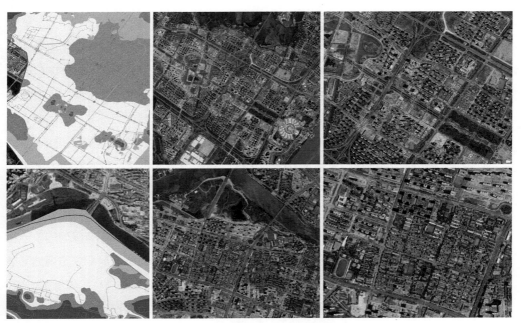

图6-15 汉阳区可达性一般绿地图

于整合城市的各种元素，包括道路网络、城市界面以及公园设施，从而提高绿地系统的服务功能和吸引力。可以针对现状表现出的问题提出相对应的策略以优化。首先，此区域部分道路路网不完善。断头路、效率较低的交叉口和路况较差的道路都对交通可达性产生了负面影响。道路是城市的动脉，对于居民出行以及城市生活的质量具有决定性的影响。因此需要重视道路网络的建设和优化，以提高交通的可达性，提高居民出行的满意度。这包括对断头路的连接、交叉口的优化及对道路条件的改善。在实施这些措施的同时还需要考虑到交通拥堵对环境的影响，以确保道路改造的可持续性。其次，此区域是汉阳区城市更新的重点区域，城市界面的提升必不可少。城市空间的浪费和低效使用是需要解决的关键问题。为此需要进行旧城空间的改造，包括新增各类城市"口袋公园"，提高城市绿地的可达性，以及改善城市的生态环境。

汉阳区绿地可达性低与较低的区域较少，大部分分布在三环线外至汉阳区的行政边界内（图6-16），其中可达性低的区域大致分布南至三角湖北路，北至汉江。区域发展现状尚待完善，受地形影响，龙阳湖占据大部分面积，道路覆盖度低，难以进行有效的路网布置，仅有三环线、汉阳大道、龙阳大道3条主干路，道路断头路多，路况较差。

为了优化汉阳区的可达性，需要从路网等级、路网密度和公共交通部署等方面入手。在路网等级方面，应该在建设城市主干路时考虑适当增加绿化带。此外，为了保护城市绿地的完整性，应该避免在城市绿地内修建高速公路等交通设施，以免破坏城市绿地的生态环境。在路网密度方面，应该适当增加道路的密度，以更好地连接城市绿地。在增加道路密度时，应该平衡绿地和道路的比例，以保证城市的生态环境和城市交通的需要。在规划绿地和道路时，需要根据城市的自然条件、城市功能区划、人口密度等因素，制定相应的规划指标。例如，可以根据城市规划标准，规定绿地与道路的比例，或者制定绿化覆盖率和道路密度的指标。并且应该根据城市的具体情况，进行灵活调整。例如，在城市中心区

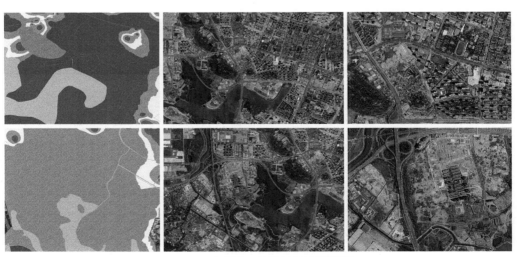

图6-16　汉阳区可达性低/较低绿地图

域，应该适当增加绿地的比例，以提高城市的生态环境质量，而在城市边缘区域，可以适当增加道路密度，以提高交通通行效率。同时，在城市建设过程中，应该加强环保意识和监管力度，防止建设过程中对绿地的破坏和污染。在公共交通部署方面应适当增加公共交通线路的覆盖范围和频次，以提高居民的出行便利性。此外还可以通过建设公共自行车系统、共享汽车等方式，提供更为灵活的出行方式，以满足不同人群的出行需求。

汉阳区是一个发展较为成熟的城市区域，但由于城镇化进程加速，绿地资源相对集中且面积较小的问题愈发凸显，导致现状城市绿化覆盖率低。这一问题对城市生态环境的质量和可持续发展产生了不良影响。针对这一问题，建议从以下几个方面进行策略优化。①增加绿地面积，提高城市绿化覆盖率。具体措施包括：在城市规划和设计中提高绿地比例，适当减少建设用地；通过绿地复垦和城市森林化等方式，增加城市绿地资源；在城市中心区域建设公园和广场等大型绿地，增加城市绿地面积。②提高绿地质量，保证绿地的生态功能和美观度。具体措施包括：选择适宜的绿化植物，建立多样化的植物群落；加强绿地养护和管理，保证绿地的生态环境质量；增加绿地的景观和文化元素，提高绿地的美观度和文化价值。③加强管理，保证绿地的合理利用和保护。具体措施包括：建立健全的城市绿地规划和管理体系，加强对城市绿地的监督和管理；加强对绿地资源的保护和管理，防止绿地资源的过度开发和滥用；加强对城市居民的环保意识教育和宣传，提高居民对绿地的认识和保护意识。

6.4.4 空间结构优化研究

本研究选取公园绿地服务半径覆盖率与古树名木保护率两个指标对汉阳区城市绿地系统的空间结构进行评价。汉阳区公园绿地服务半径覆盖率为 V 级，评分 1 分，汉阳区古树名木保护率为 I 级，评分 9 分，评价描述分别为汉阳区公园绿地服务半径覆盖率低、古树名木保护好。

汉阳区公园绿地现多集中在东部琴台景区、中部墨水湖公园及周边区域，公园绿地相对集中。建议增加社区"口袋公园"比例，同时增加城市公园绿地资源。通过增加社区"口袋公园"的比例，可以使居民到达公园的路程成本降低，从而大幅增加公园绿地服务半径覆盖率，提高居民生活幸福感。要增加社区"口袋公园"比例和增加城市公园绿地资源，可以采取以下具体措施。

①加强规划和设计：政府和城市规划部门应该加强对公园绿地的规划和设计，合理布局公园绿地，同时增加社区"口袋公园"的比例。规划和设计时应该考虑社区居民的需求和利用率，确保公园绿地的分布和布局更加科学合理。

②加强建设和改造：政府和城市绿化部门应该加强对公园绿地的建设和改造。在建

设和改造过程中，应该注重公园绿地的生态环境保护和景观质量提升，同时考虑公园绿地的多功能利用，提高公园绿地的社会效益。

③加强管理和维护：政府和相关部门应该加强对公园绿地的管理和维护，确保公园绿地的环境质量和景观质量。同时，应该加强公园绿地的安全管理，维护公园绿地的公共秩序和安全，保障公众的利益和安全。

④加强监测和评估：政府和相关部门应该加强对公园绿地的监测和评估，及时发现和解决公园绿地存在的问题。监测和评估包括对公园绿地的空气、水质、土壤质量、植被覆盖率等方面的监测和评估，以及对公众公园绿地满意度和利用率的评估。

⑤加强宣传和教育：政府和相关部门应该加强对公众的宣传和教育，提高公众对公园绿地的认识和保护意识。宣传和教育包括举办公园绿地的宣传活动和教育讲座，加强公众对公园绿地的环保知识和利用方法的宣传和教育。

6.4.5 防灾避险功能优化研究

本研究选取防灾避险绿地服务半径与防灾避险绿地可达性两个指标对汉阳区城市绿地系统的防灾避险功能进行评价。汉阳区防灾避险绿地服务半径覆盖率为Ⅳ级，评分 3 分，汉阳区防灾避险绿地可达性为Ⅱ级，评分 7 分，评价描述分别为汉阳区防灾避险绿地服务能力较差、防灾避险绿地可达性较好。

针对汉阳区防灾避险绿地服务能力较差的问题，建议采取以下措施。

①加强对公共开敞空间的规划和建设，增加公共开敞空间的比例。公共开敞空间可以作为防灾避险用地，提高城市的防灾避险能力。

②在老旧小区中选择适当的区域作为防灾避险用地。这些区域可以建设为公共开敞空间或者防灾避险绿地，为居民提供安全的避难场所。

③加强对道路的规划和建设，增加道路可达性。在城市规划中，应该注重道路的布局和连接，使得居民在发生灾害的第一时间能够快速到达社区或公共开敞空间或防灾避险绿地。

6.5 本章小结

本章针对城市绿地系统评价模型中对武汉市域城市绿地、中心城区城市绿地、汉阳区城市绿地三种空间尺度的评价结果进行针对性的策略优化。

通过推进绿地系统评价体系建设，完善城市公园服务功能，满足城市居民休闲游憩、健身、安全等多功能综合需求。结合城市更新工作，提升公园绿地的开放可达性和景观品质，推动城市与公园无界融合，提升周边区域资源要素集聚能力、增强城市发展动力与活力。

森林覆盖率是市域尺度下城市绿地健康状况的直观体现。政府和城市规划部门应加强对市域尺度下城市绿地的规划和建设，增加森林覆盖率，提高城市绿地的生态功能。同时，针对市域尺度下的城市绿地，生态功能中碳氧平衡、空气质量是最为重要的作用因素。应注重城市绿地的碳氧平衡和空气质量，采取措施减少污染物排放，改善城市空气环境。对于中心城区尺度下的城市绿地系统，其生态功能、社会经济效益、景观功能、空间结构与防灾避险功能都应该得到体现。政府和城市规划部门应该注重中心城区内城市绿地的全面覆盖，采取措施提高城市绿地的生态功能、社会经济效益、景观功能、空间结构与防灾避险功能。同时，应注重城市绿地的多功能性，充分发挥城市绿地的社会效益。市辖区尺度下，城市绿地更加体现人本主义，重点围绕居民使用主体进行策略优化。政府和城市规划部门应该注重市辖区内城市绿地的多样性和精细化规划。在城市绿地的规划和建设过程中，应该注重居民的需求和利用率，提高城市绿地的社会效益。同时，应该注重城市绿地的文化和历史价值，促进城市的历史文化传承。

第 7 章

结论与展望

7.1 研究结论

城市绿地系统规划的发展与更新对于城市的可持续发展和生态平衡具有至关重要的意义。未来的城市绿地系统应该具备更多的功能，例如减缓城镇化过程中的热岛效应、提高城市空气质量、促进城市居民的身心健康等。为了实现这些目标，我们需要探索城市绿地系统的未来发展方向，并通过生态理念的统筹发展与管理来保护城市生态环境的可持续性。为了实现城市的可持续发展，需要建立一套适应城市资源特点的绿地系统评价指标体系，客观评估城市绿地的建设和管理情况，预测城市绿地系统的发展规模和结构，并探索城市绿地系统的未来发展方向，以促进城市可持续发展和保护城市生态环境的可持续性。本研究的主要研究成果如下。

（1）城市绿地系统研究综述。梳理了中西方城市更新背景下城市绿地建设与规划的历程，并分别讨论西方国家与中国在城市更新背景下城市绿地规划的工作及理念的差异性；推导出城市绿地系统评价之于城市绿地规划的重要性，提出构建定性定量相结合的城市绿地规划评价系统。

从最初重视公园和休闲设施建设，到后来强调绿色基础设施兴建和城市绿地系统规划，城市绿地建设与规划已经成为城市更新整体策略中的重要组成部分。然而在城市更新背景下，西方国家和中国在城市绿地规划的工作及理念上存在一些差异。西方国家更注重城市绿地的景观效果和生态功能，强调可持续发展和生态保护。其通常采用较为先进的技术手段和评价体系，以确保城市绿地系统的完善和高效运行。相比之下，中国在城市更新背景下的城市绿地规划更侧重于解决人口密集、土地有限和环境污染等问题，更加注重实用性和功能性。虽然我国也意识到绿色基础设施和城市绿地系统的重要性，但在实际操作中仍存在一些挑战，例如缺乏科学的评价指标和方法，以及城市绿地规划与其他规划的协调问题。城市绿地系统评价可以帮助我们全面了解城市绿地系统的现状和潜力，从而为城市绿地规划提供科学依据和决策支持。

（2）城市绿地系统评价体系构建。以城市绿地系统的功能性为切入点，对城市绿地系统的生态功能、社会经济效益、景观效益、空间结构、防灾避险 5 个主要功能进行分析，构建城市绿地系统评价体系的主要逻辑框架。

第一，生态功能是城市绿地系统最基础也是最重要的功能之一。通过考察绿地在维持生物多样性、提供生态系统服务以及改善环境质量等方面的贡献，可以对城市绿地系统的生态功能进行评估。例如，碳氧平衡指数、空气质量指数、释氧固碳价值等都是评价的重要指标。

第二，通过分析城市绿地在提升居民福祉、促进旅游业发展、创造就业机会以及提升房地产价值等方面的表现，来评估绿地系统的社会经济效益。

第三，城市绿地系统对城市景观的塑造也是评价的重要方面。通过评估绿地与城市景观的协调性、绿地的景观设计以及绿地的文化价值等指标，来评价绿地系统在景观效益方面的表现。

第四，在空间结构方面，城市绿地系统的布局和规划对于城市的整体规划和布局具有重要意义。通过考察绿地的分布、连通性、面积和形态等指标来评价绿地系统在空间结构方面的合理性和完整性。

第五，城市绿地系统在防灾避险方面也具有重要作用。在暴雨、洪水、地震等自然灾害发生时，起到调节雨洪、减小灾害损失的作用。通过评估绿地在应对自然灾害中的表现，可评价其在防灾避险方面的功能。

运用多种分析方法，最终得到生态功能、社会经济效益、景观效益、空间结构、防灾避险 5 个因素共 22 个单项指标的城市绿地系统评价指标体系框架，并以此框架为城市绿地评价基础，分别对市域空间、城市中心城区空间、城市市辖区 3 个不同尺度进行评价，并依据 3 个尺度中不同的侧重方向对指标进行取舍。这一体系将有助于综合评估城市绿地系统的质量和效能，为城市规划和决策提供科学依据。对于我国城市绿地系统评价的不足或缺失应加强相关研究，完善城市绿地系统评价的内容和方法，以推动城市绿地规划的可持续发展。

（3）武汉市城市绿地系统评价。对武汉市域进行城市绿地系统评价，通过对武汉市域城市绿地系统生态功能指标、社会经济效益指标、景观效益指标的综合评价，最终得到综合评价结果。武汉市域城市绿地系统评价结果为 6.2947 分。评级为 C 级，即"市域绿地系统现状一般，绿地连通性一般，森林覆盖率一般，城市生态环境一般"。

对武汉市中心城区的城市绿地系统分别进行生态功能、社会经济、景观效益、空间结构、防灾避险的评价，最终得到综合评价结果。武汉市中心城区的城市绿地系统评价结果为 7.069 分，评级为 B 级，即"城市绿地系统规划方案较好，规划建设现状较好，居民较满意，可以评比国家园林城市和国家生态园林城市，满足省市级园林城市标准和生态园林城市相关标准"。

对武汉市汉阳区绿地系统生态功能指标、社会经济效益指标、景观效益指标、空间结构定量指标和防灾避险指标的综合评价，并将分值带入指标表进行权重计算，最终得到综合评价结果。最终结果为 7.2483 分，评级为 B 级，即"城市绿地系统规划方案较好，规划建设现状较好，居民较满意，可以评比国家园林城市和国家生态园林城市 / 区，满足省市级园林城市 / 区标准和生态园林城市 / 区相关标准"。

（4）武汉市城市绿地系统优化策略：在生态功能方面，对武汉市基调树种的选择进行了固碳释氧分析，以提高绿地系统的生态功能。通过评估不同树种的碳吸收和氧气释放能力，可以选择具有较强生态功能的树种，从而提升绿地系统的生态效益。在社会经济效益方面，根据收集到的居民反馈意见，提出了相应的优化策略。例如，根据居民需求，可以增加公园内的娱乐设施和文化展示项目，改善标识设施的导向性和可读性，以提升公园的社会经济效益。在景观功能方面，分析解释了武汉市城市绿地可达性差异的现状，并提出了相应的优化方案。通过研究不同区域的绿地分布、交通连接等因素，提出针对性的优化策略，以改善城市绿地的可达性和景观效果。在空间结构方面，对武汉市中心城区公园绿地服务覆盖率进行了数据分析，并描述和分析了未被覆盖的老旧街区现状。根据分析结果，提出相应的改善措施，例如在老旧街区增加小型绿地或公园，以提升绿地服务的覆盖范围和平衡城市绿地的空间结构。在防灾避险方面，通过实地调研洪山广场，对防灾设施较匮乏的现状进行了分析，并提出了相应的优化建议。例如，建议洪山广场增设排水系统、增强防洪设施，以提高公共空地的抗灾能力，并为居民提供更安全的环境。

如何在现有存量空间下改造和更新城市空间，是当前城市规划研究人员亟待解决的问题。针对这一挑战，《武汉市国土空间总体规划（2021—2035年）》提出了一系列建议，其中包括对中心城区的优化、品质提升、密度降低以及增加绿色开敞空间等。这些建议彰显了决策者对城市绿地在城市发展进程中的重要性给予了充分的重视。基于这一背景，本研究从建立与研究城市绿地系统的评估指标体系入手，提出了一种城市绿地系统的评估方法。选取武汉市作为研究对象，对其城市绿地系统的多个方面进行了深入研究，旨在客观地反映城市绿地规划与建设的现状和进展。通过对绿地系统进行评估，可以全面了解武汉市城市绿地系统的质量和效能。通过分析评估结果，可以识别现存的问题和不足，并提出相应的改进措施。例如，在生态功能方面，可以提出增加植被覆盖率和改善水体质量的策略；在社会经济效益方面，可以优化公园设施和服务；而在空间结构方面，可以提出完善城市绿地布局和连接性的措施。这些改进措施将有助于提升武汉市城市绿地系统的品质和功能。同时，这种评估方法也能为未来的人居环境提升和城市空间布局规划提供更加完善的支持。通过研究城市绿地系统的评估指标体系，可以获取对城市空间特征、可达性和景观质量等方面的深入了解。这些信息将为决策者制定可持续城市发展策略提供重要参考，并在未来的城市规划中促进合理的空间布局、生态保护和社会经济发展的整合。

7.2 研究的挑战与未来展望

城市绿地系统的发展遇到诸多挑战，如绿地资源日益紧张、生态环境受到破坏等问题。此外，城市绿地系统评价指标方法也存在不足，需要不断创新和完善。本研究通过对武汉市城市绿地系统进行实例研究，得出结果并进行针对性优化，与《武汉市园林和林业发展"十四五"规划（2021—2025 年）》中发展理念相契合。该评价系统除了可将总评分进行比较，还可以选取每个次级指标层及单项指标进行结果分析，每个单项指标都可以反映一定水平上城市绿地建设的发展现状和存在的问题，更便于规划管理，可以有针对性地调整城市景观和绿化的发展。通过本研究的实证分析和针对性优化，可以更好地指导城市绿地系统规划和发展，使其更加符合城市居民的需求和对城市环境的期望，为未来的城市园林绿化建设提供了有益的借鉴意义。本研究取得了诸多成果，但仍存在以下几个方面的提升空间，以期待未来的研究进一步完善。

（1）在构建城市绿地系统评价模型的过程中，对某些指标的理解尚不够深入，这导致了部分指标解释上的冗余现象，结合专家意见的反馈，对此进行了相应的修正。期待在未来的研究中能够进一步深化对各项指标的学习与理解，以确保评价的准确性和全面性。

（2）在实证研究的初期，获取基础数据的准确性成为实证过程中最大的挑战，这也在一定程度上影响评价指标的全面性。在城市公园的实地调研和问卷发放的过程中，由于客观因素未能全面覆盖，对部分调查对象的主观反馈缺少记录与引导，导致居民对城市公园的综合定性评价存在一定程度的不足。

（3）在实证研究的中期，对指标量化的计算存在不足。如计算碳氧平衡等定量指标中单位面积固碳释氧量的数值取自众多文献，若能进行实地收集数据，或许能更加准确地确定单位面积定量指标的数值，这在一定程度上对某些指标的评分存在影响。

伴随着城镇化的高速发展，城市绿地的重要性日益凸显，成为人们关注的焦点。绿地不仅能够美化城市环境，而且能够改善城市气候、减少污染物排放，提高人们的生活质量。因此，城市绿地系统的优化研究已经成为城市规划和管理的重要组成部分。在我国，与城市绿地系统优化相关的研究已经逐步成熟。过去的研究主要集中在城市自身发展的角度上，而今后应当注重将城市绿地系统与社会经济环境、城市人文历史等方面有机结合。这样的综合研究可以更好地满足人们对城市绿地的需求，并促进城市可持续发展。城市绿地系统的优化是一个系统复杂的长期过程。在生态文明和存量规划的时代背景下，构建适用于城市绿地的评价更新模式成为城市研究应当探讨和研究的重点之一。这意味着需要建立科学有效的评价指标体系，以全面衡量城市绿地系统的质量和效益。在评价的基础上，可以识别出存在的问题和不足，并制定相应的优化策略。值得注意的是，在城市绿地系统优化的过程中需要将可持续城市理念纳入考虑。这包括保护生态环境、推动资源循环利用、促进社会公平等方面。通过在城市绿地规划和管理中融入可持续城市理念，可以实现城市发展与环境保护的良性互动，并为居民提供更好的人居环境。通过综合研究和科学评价，促进城市绿地系统的优化与发展，并为城市可持续发展作出贡献。

附　表

附表 1 城市绿地系统评价技术指标遴选专家咨询表

市域城市绿地系统评价技术指标遴选专家咨询表

评价目标	评价因素	评价指标	评价相关性 2，强相关 1，相关 0，负相关	同类指标关联度 2，强相关 1，相关 0，负相关	数据获取难易度 2，易获取 1，一般 0，难获取	指标分类是否明确 1，明确 0，不明确	其他建议
城市绿地系统评价指标体系	生态功能评价指标	碳氧平衡指数					
		降温增湿效果					
		城市热岛效应强度					
		空气质量指数					
		吸收有毒气体					
		涵养水源					
		绿容率					
		郁闭度					
	经济社会效益指标	绿地景观游憩吸引力					
		释氧固碳价值					
		滞尘价值					
		涵养水源价值					
		绿地维护费					
		建设费					
	景观效益评价指标	绿地可达性					
		绿视率					
		景观类型密度					
		植被结构					
		聚集度指数					
		植树成活率					
		斑块破碎化指数					
		绿地分布均匀度					
		景观多样性指数					
		景观优势度指数					
		森林覆盖率					
		中心城区绿地率					
		自然保护区面积					
		绿化建设指数					
		绿地系统连续性					
		文物古迹保护					
		城市历史风貌保护					
		古树名木保护率					
		立体绿化推广					
		节约型绿地建设率					
		景点密集度					

中心城区城市绿地系统评价技术指标遴选专家咨询表

评价目标	评价因素	评价指标	评价相关性 2，强相关 1，相关 0，负相关	同类指标关联度 2，强相关 1，相关 0，负相关	数据获取难易度 2，易获取 1，一般 0，难获取	指标分类是否明确 1，明确 0，不明确	其他建议
城市绿地系统评价指标体系	生态功能评价指标	碳氧平衡指数					
		降温增湿效果					
		城市热岛效应强度					
		空气质量指数					
		吸收有毒气体					
		涵养水源					
		绿容率					
		郁闭度					
		温度变化指数					
		湿度变化指数					
		水体减污效益					
	经济社会效益指标	绿地景观游憩吸引力					
		城市园林绿化综合评价值					
		释氧固碳价值					
		滞尘价值					
		涵养水源价值					
		城市园林绿化功能性评价值					
		城市园林绿化景观性评价值					
		城市园林绿化文化性评价值					
		城市容貌评价值					
		海绵公园建设率					
		风景区与公园产业收入					
		园林文化价值					
		绿地周边土地升值潜力					
		绿地维护费					
		建设费					
	景观效益评价指标	绿地可达性					
		绿视率					
		景观类型密度					
		植被结构					
		园林游览观赏效应					
		绿地对视线的抗干扰度					
		聚集度指数					
		植树成活率					
		绿化种植层次结构					
		斑块破碎化指数					
		绿地分布均匀度					
		景观多样性指数					
		景观优势度指数					
		特殊空间绿色量					
		复层绿色量					
		功能类型丰富度					
		层次类型丰富度					

评价目标	评价因素	评价指标	评价相关性 2，强相关 1，相关 0，负相关	同类指标关联度 2，强相关 1，相关 0，负相关	数据获取难易度 2，易获取 1，一般 0，难获取	指标分类是否明确 1，明确 0，不明确	其他建议
城市绿地系统评价指标体系	空间结构定量指标	中心城区绿化覆盖率					
		中心城区绿地率					
		城市人均公园绿地面积					
		绿化覆盖面中乔木、灌木所占比率					
		万人拥有综合公园指数					
		公园绿地服务半径覆盖率					
		建设用地中城市绿地总面积					
		不同居住区建筑密度与容积率					
		自然保护区面积					
		绿化建设指数					
		绿地系统连续性					
		文物古迹保护					
		城市历史风貌保护					
		古树名木保护率					
		立体绿化推广					
		节约型绿地建设率					
		景点密集度					
	防灾避险评价指标	历史灾害分布					
		人均防灾避险绿地面积					
		防灾避险绿地面积占公园绿地面积比率					
		绿地防灾避险设施率					
		防灾避险绿地服务半径					
		疏散通道两侧构筑物退界值					
		公园绿地应急避险场所实施率					
		防灾物资储备点分布					
		防灾避险绿地可达性					
		绿地周边建筑抗震等级					

市辖区城市绿地系统评价技术指标遴选专家咨询表

评价目标	评价因素	评价指标	评价相关性 2，强相关 1，相关 0，负相关	同类指标关联度 2，强相关 1，相关 0，负相关	数据获取难易度 2，易获取 1，一般 0，难获取	指标分类是否明确 1，明确 0，不明确	其他建议
城市绿地系统评价指标体系	生态功能评价指标	碳氧平衡指数					
		降温增湿效果					
		城市热岛效应强度					
		吸收有毒气体					
		温度变化指数					
		湿度变化指数					

评价目标	评价因素	评价指标	评价相关性 2，强相关 1，相关 0，负相关	同类指标关联度 2，强相关 1，相关 0，负相关	数据获取难易度 2，易获取 1，一般 0，难获取	指标分类是否明确 1，明确 0，不明确	其他建议
城市绿地系统评价指标体系	经济社会效益指标	绿地景观游憩吸引力					
		城市园林绿化综合评价值					
		涵养水源价值					
		城市园林绿化功能性评价值					
		城市园林绿化景观性评价值					
		城市园林绿化文化性评价值					
		城市容貌评价值					
		海绵公园建设率					
		园林文化价值					
		绿地周边土地升值潜力					
		绿地维护费					
		建设费					
	景观效益评价指标	绿地可达性					
		绿视率					
		景观类型密度					
		植被结构					
		园林游览观赏效应					
		绿地对视线的抗干扰度					
		植树成活率					
		中心城区绿化覆盖率					
	空间结构定量指标	中心城区绿地率					
		绿化覆盖面中乔、灌木所占比率					
		公园绿地服务半径覆盖率					
		建设用地中城市绿地总面积					
		不同居住区建筑密度与容积率					
		立体绿化推广					
		节约型绿地建设率					
	防灾避险评价指标	历史灾害分布					
		人均防灾避险绿地面积					
		防灾避险绿地面积占公园绿地面积比率					
		绿地防灾避险设施率					
		防灾避险绿地服务半径					
		防灾物资储备点分布					
		防灾避险绿地可达性与连通性					
		绿地周边建筑抗震等级					

附表 2　城市绿地系统规划评价 AHP 专家咨询表

尊敬的_____:

您好，本表主要用于征询您对城市绿地系统评价指标体系中，各因素间及各指标间相比重要性的评分意见。感谢您在百忙中提供宝贵意见！

现在需要您对下列判断矩阵中所列因素及指标进行两两比较评分，评分标准依据下表所示标度值进行评分。

表一　比较标度法

标度	含义
1	元素 a_i 与 a_j 相比时，两者重要性相同
3	元素 a_i 与 a_j 相比时，a_i 比 a_j 稍重要
5	元素 a_i 与 a_j 相比时，a_i 比 a_j 明显重要
7	元素 a_i 与 a_j 相比时，a_i 比 a_j 强烈重要
9	元素 a_i 与 a_j 相比时，a_i 比 a_j 极端重要
2, 4, 6, 8	元素 a_i 与 a_j 相比时，重要程度介于上述程度之间
倒数	若 a_i 与 a_j 比较的判断值为 a_{ij}，则 a_j 与 a_i 比较的判断值为 $1/a_{ij}$

举例:

A	准则 A 的 B 评价指标		
A1	B1	B2	B3
B1	1	3	1/9
B2	1/3	1	1/5
B3	9	5	1

说明: B1 与 B2 比较，B1 比 B2 稍重要; B1 与 B3 比较，B3 比 B1 极端重要; B2 与 B3 比较，B3 比 B2 明显重要。

一、专家打分

1. 市域城市绿地系统评价技术指标

（1）准则层各因素比较评分表

A1	B1 生态功能评价指标	B2 社会经济效益指标	B3 景观效益评价指标
B1 生态功能评价指标	1		
B2 社会经济效益指标		1	
B3 景观效益评价指标			1

（2）B1-C 生态功能评价指标各因素比较评分表

B1	C1 碳氧平衡指数	C2 空气质量指数
C1 碳氧平衡指数	1	
C2 空气质量指数		1

（3）B2-C 社会经济效益指标各因素比较评分表

B2	C3 释氧固碳价值	C4 滞尘价值
C3 释氧固碳价值	1	
C4 滞尘价值		1

（4）B3-C 景观效益指标各因素比较评分表

B3	C5 斑块破碎化指数	C6 森林覆盖率
C5 斑块破碎化指数	1	
C6 森林覆盖率		1

2. 中心城区城市绿地系统评价技术指标

（1）准则层各因素比较评分表

D1	E1 生态功能评价指标	E2 社会经济效益指标	E3 景观效益评价指标	E4 空间结构定量指标	E5 防灾避险评价指标
E1 生态功能评价指标	1				
E2 社会经济效益指标		1			
E3 景观效益评价指标			1		
E4 空间结构定量指标				1	
E5 防灾避险评价指标					1

（2）E1-F 生态功能评价指标各因素比较评分表

E1	F1 碳氧平衡指数	F2 降温增湿效果	F3 空气质量指数
F1 碳氧平衡指数	1		
F2 降温增湿效果		1	
F3 空气质量指数			1

（3）E2-F 社会经济效益指标各因素比较评分表

E2	F4 释氧固碳价值	F5 滞尘价值	F6 城市园林绿化 功能性评价值	F7 城市园林绿化 景观性评价值	F8 城市园林绿化 文化性评价值	F9 城市容貌 评价值
F4 释氧固碳价值	1					
F5 滞尘价值		1				
F6 城市园林绿化功能性评价值			1			
F7 城市园林绿化景观性评价值				1		
F8 城市园林绿化文化性评价值					1	
F9 城市容貌评价值						1

（4）E3-F 景观效益指标各因素比较评分表

E3	F10 绿地可达性	F11 斑块破碎化指数	F12 绿地分布均匀度
F10 绿地可达性	1		
F11 斑块破碎化指数		1	
F12 绿地分布均匀度			1

（5）E4-F 空间结构定量指标各因素比较评分表

E4	F13 中心城区绿化 覆盖率	F14 中心城区 绿地率	F15 城市人均公园 绿地面积	F16 万人拥有综合 公园指数	F17 公园绿地服务 半径覆盖率	F18 古树名木 保护率
F13 中心城区绿化覆盖率	1					

E4	F13 中心城区绿化 覆盖率	F14 中心城区 绿地率	F15 城市人均公园 绿地面积	F16 万人拥有综合 公园指数	F17 公园绿地服务 半径覆盖率	F18 古树名木 保护率
F14 中心城区绿地率		1				
F15 城市人均公园绿 地面积			1			
F16 万人拥有综合公 园指数				1		
F17 公园绿地服务半 径覆盖率					1	
F18 古树名木保护率						1

（6）E5-F 防灾避险评价指标各因素比较评分表

E5	F19 释氧固碳价值	F20 防灾避险绿地面积占 公园绿地面积比率	F21 防灾避险绿地服务 半径	F22 防灾避险绿地可达性
F19 释氧固碳价值	1			
F20 防灾避险绿地面积占公 园绿地面积比率		1		
F21 防灾避险绿地服务半径			1	
F22 防灾避险绿地可达性				1

3. 城市市辖区绿地系统评价技术指标

（1）准则层各因素比较评分表

G1	H1 生态功能评价指标	H2 社会经济效益指标	H3 景观效益评价指标	H4 空间结构定量指标	H5 防灾避险评价指标
H1 生态功能评价指标	1				
H2 社会经济效益指标		1			
H3 景观效益评价指标			1		
H4 空间结构定量指标				1	
H5 防灾避险评价指标					1

（2）H1-I 生态功能评价指标各因素比较评分表

H1	I1 碳氧平衡指数	I2 降温增湿效果
I1 碳氧平衡指数	1	
I2 降温增湿效果		1

（3）H2-I 社会经济效益指标各因素比较评分表

H2	I3 城市园林绿化功能性评价值	I4 城市园林绿化景观性评价值	I5 城市园林绿化文化性评价值	I6 城市容貌评价值
I3 城市园林绿化功能性评价值	1			
I4 城市园林绿化景观性评价值		1		
I5 城市园林绿化文化性评价值			1	
I6 城市容貌评价值				1

（4）H3-I 景观效益指标各因素比较评分表

H3	I7 绿地可达性	I8 绿化覆盖率
C7 绿地可达性	1	
C8 绿化覆盖率		1

（5）H4-I 空间结构定量指标各因素比较评分表

H4	I9 公园绿地服务半径覆盖率	I10 古树名木保护率
C9 公园绿地服务半径覆盖率	1	
C10 古树名木保护率		1

（6）H5-I 防灾避险评价指标各因素比较评分表

H5	I11 防灾避险绿地服务半径	I12 防灾避险绿地可达性
I11 防灾避险绿地服务半径	1	
I12 防灾避险绿地可达性		1

附表 3　武汉市城市园林绿化综合性评价问卷调查表

基本信息	您的年龄：（　　）	您的性别：（　　）

城市园林绿化功能性评价

（1）您一个月来几次公园？

每天（　　）　　经常（≥20）（　　）　　频率较高（20-10）（　　）　　偶尔（≤10）（　　）　　从不（0）（　　）

（2）您觉得公园设施如何？

好（　　）　　较好（　　）　　一般（　　）　　较差（　　）　　差（　　）

（3）您这个年纪使用公园的设施方便吗？

方便（　　）　　较方便（　　）　　一般（　　）　　较不方便（　　）　　不方便（　　）

（4）您觉得公园是否方便到达？

方便（　　）　　较方便（　　）　　一般（　　）　　较不方便（　　）　　不方便（　　）

（5）您觉得公园开放程度如何？

好（　　）　　较好（　　）　　一般（　　）　　较差（　　）　　差（　　）

（6）您觉得公园安全措施如何？如监控、安保、消防、安全防护措施等。

好（　　）　　较好（　　）　　一般（　　）　　较差（　　）　　差（　　）

城市园林绿化景观性评价

（1）您觉得公园景观是否符合您的喜好？

好（　　）　　较好（　　）　　一般（　　）　　较差（　　）　　差（　　）

（2）您觉得公园雕塑、花坛、小品如何？

好（　　）　　较好（　　）　　一般（　　）　　较差（　　）　　差（　　）

（3）您觉得公园植物、道路、景观小品等设施维护如何？

方便（　　）　　较方便（　　）　　一般（　　）　　较不方便（　　）　　不方便（　　）

（4）您觉得公园植物颜色种类配置如何？

方便（　　）　　较方便（　　）　　一般（　　）　　较不方便（　　）　　不方便（　　）

城市园林绿化文化性评价

（1）您觉得公园对文化遗产保护情况如何？

好（　　）　　较好（　　）　　一般（　　）　　较差（　　）　　差（　　）

（2）您觉得公园在宣传文化方面情况如何？

好（　　）　　较好（　　）　　一般（　　）　　较差（　　）　　差（　　）

城市容貌评价

（1）您觉得您所在的城市／区域／小区公共场所环境如何？

好（　　）　　较好（　　）　　一般（　　）　　较差（　　）　　差（　　）

（2）您觉得您所在的城市／区域／小区广告牌、标识牌是否完善？

好（　　）　　较好（　　）　　一般（　　）　　较差（　　）　　差（　　）

（3）您觉得您所在的城市／区域／小区公共设施是否完善？

方便（　　）　　较方便（　　）　　一般（　　）　　较不方便（　　）　　不方便（　　）

（4）您觉得您所在的城市／区域／小区路灯等照明设施是否完善？

方便（　　）　　较方便（　　）　　一般（　　）　　较不方便（　　）　　不方便（　　）

您对武汉市城市园林绿化建设的其他建议

参考文献

［1］ 张虹鸥，岑倩华.国外城市开放空间的研究进展［J］.城市规划学刊，2007（5）：78-84.

［2］ 余琪.现代城市开放空间系统的建构［J］.城市规划汇刊，1998（6）：49-56，65.

［3］ 张晓佳.城市规划区绿地系统规划研究［D］.北京：北京林业大学，2006.

［4］ 周聪惠.城市绿地系统规划编制方法［M］.南京：东南大学出版社，2014.

［5］ 王洁宁，王浩.新版《城市绿地分类标准》探析［J］.中国园林，2019，35（4）：92-95.

［6］ 陈国平.城市绿地系统规划评价体系研究［D］.长沙：湖南大学，2008.

［7］ 吴人韦.国外城市绿地的发展历程［J］.城市规划，1998（6）：39-43.

［8］ 吉伯德.哈罗新城，英国［J］.世界建筑，1983（6）：30-34.

［9］ 韩林飞，韩媛媛.俄罗斯专家眼中的莫斯科市2010—2025年城市总体规划［J］.国际城市规划，2013，28（5）：78-85.

［10］ 吴妍，赵志强，周蕴薇.莫斯科绿地系统规划建设经验研究［J］.中国园林，2012，28（5）：54-57.

［11］ 曲凌雁.美国现代城市更新发展进程［J］.现代城市研究，1998（3）：12-14，28-62.

［12］ 骆天庆，夏良驹.美国社区公园研究前沿及其对中国的借鉴意义——2008—2013 Web of Science 相关研究文献综述［J］.中国园林，2015，31（12）：35-39.

［13］ 何琪潇，谭少华，申纪泽，等.邻里福祉视角下国外社区公园社会效益的研究进展［J］.风景园林，2022，29（1）：108-114.

［14］ JAMES P, TZOULAS K, ADAMS M D, et al. Towards an integrated understanding of green space in the European built environment[J]. Urban Forestry & Urban Greening, 2009, 8（2）: 65-75.

［15］ 丁凡，伍江.城市更新相关概念的演进及在当今的现实意义［J］.城市规划学刊，2017（6）：87-95.

［16］ 余思奇，朱喜钢，周洋岑，等.美国"帽子公园"实践及其启示［J］.规划师，2020，36（20）：78-83.

［17］ 骆天庆，李维敏，凯伦.C.汉娜.美国社区公园的游憩设施和服务建设——以洛杉矶市为例［J］.中国园林，2015，31（8）：34-39.

［18］ 杜安.中华人民共和国成立以来城市绿地树种规划的思想析要、存在问题与发展前瞻［J］.中国园林，2021，37（S2）：102-105.

［19］ 杨丽.城市绿地使用状态评价体系构建研究［J］.林业调查规划，2021，46（6）：196-200.

［20］ 戴斯竹，赵兵.基于 CiteSpace 知识图谱的中国近二十年城市绿地使用者需求研究综述［J］.园林，2021，38（7）：82-88.

［21］ 吴人韦.支持城市生态建设——城市绿地系统规划专题研究［J］.城市规划，2000（4）：31-33，64.

［22］ 郭茹，张佳乐，王洪成.近40年（1980—2019年）中国城市专类公园在风景园林领域研究进展与展望［J］.风景园林，2021，28（6）：94-99.

［23］ 刘鸿宇，宋会访.基于CiteSpace的国内城市更新研究可视化分析［J］.武汉工程大学学报，2021，43（1）：71-75.

［24］ 屠正伟，宋会访，肖杨光.城市公共空间活力长期监测系统的构建［M］//中国城市规划学会.面向高质量发展的空间治理——2021中国城市规划年会论文集.北京：中国建筑工业出版社，2021.

［25］ 金云峰，袁轶男，梁引馨，等.人民城市理念下休闲生活圈规划路径——基于城市社会学视角［J］.园林，2021，38（5）：7-12.

［26］ 周晓霞，金云峰，邹可人.存量规划背景下基于城市更新的城市公共开放空间营造研究［J］.住宅科技，2020，40（11）：35-38.

［27］ 李敏.论城市绿地系统规划理论与方法的与时俱进［J］.中国园林，2002（5）：18-21.

［28］ DEVUYST D. How green is the city? Sustainability assessment and the management of urban environments[M]. New York: Columbia University Press，2001.

［29］ 张利华，张京昆，黄宝荣.城市绿地生态综合评价研究进展［J］.中国人口·资源与环境，2011，21（5）：140-147.

［30］ 王保忠，王彩霞，何平，等.城市绿地系统研究展望［J］.湖南林业科技，2004（3）：33-35，44.

［31］ 张式煜.上海城市绿地系统规划［J］.城市规划汇刊，2002（6）：14-16，13，79.

［32］ CECIL C K. Adapting forestry to urban demands: Role of communication in urban forestry in Europe [J]. Landscape and Urban Planning，2000，52（2/3）：88-100.

［33］ COLES R W, BUSSEY S C. Urban forest landscapes in the UK: Progressing the social agenda[J]. Landscape and Urban Planning，2000，52（2/3）：180-190.

［34］ MARIAN B J, BENGT P, SUSANNE G. et al. Green structure and sustainability: Developing a tool for local planning [J]. Landscape and Urban Planning，2000，52（2/3）：116-132.

［35］ SHERER P M. Why Ameirca needs more city parks and open space[M]. SanFrancisco: The Trust for Public Land，2006：120-126.

［36］ SHARER C S, LEE B K, TURNER S. A tale of three Greenway trails: user perceptions related to quality of life[J]. Landscape and Urban Planning,2000,49（3/4）：163-178.

［37］ CHRISTINA G C, KLAUS S. Are urban green spaces optimally distributed to act as places for social intergation? Results of a geographical information system（GIS）approach for urban forestry research[J]. Forest Policy and Economics，2004，6（1）：3-13.

［38］ 孙丛毅，宋会访.评价体系在城市更新研究中的图谱量化分析［M］//中国城市规划学会.面向高质量发展的空间治理——2021中国城市规划年会论文集.北京：中国建筑工业出版社，2021：1589-1605.

［39］ 余敏.使用后评价在我国城市绿地中的研究应用综述［J］.绿色建筑，2022，14（6）：30-32.

［40］ 魏嘉馨，干晓宇，黄莹，等 . 成都市城市绿地景观与生态系统服务的关系［J］. 西北林学院学报，2022，37（6）：232-241.

［41］ 王欣歆，刘宇翔，张清海，等 . 绿色空间健康效益经济价值评价研究进展——基于 CiteSpace 和 VOSviewer 的文献可视化分析［J］. 城市建筑，2022，19（14）：100-105.

［42］ 左翔，许博文，刘晖 . 基于蓝绿协同度评价的绿地格局优化研究［J］. 园林，2022，39（5）：30-36.

［43］ 代志宏，刘涛涛，吴海宽 . 基于 GIS 网络分析的公园绿地布局优化研究——以包头市建成区为例［J］. 城市建筑空间，2022，29（3）：82-85.

［44］ 刘滨谊，姜允芳 . 论中国城市绿地系统规划的误区与对策［J］. 城市规划，2002（2）：76-80.

［45］ 韩旭，唐永琼，陈烈 . 我国城市绿地建设水平的区域差异研究［J］. 规划师，2008（7）：96-101.

［46］ 郑祖良 . 试论城市公园规划建设的几个问题［J］. 广东园林，1981（1）：33-38.

［47］ 徐宁 . 多学科视角下的城市公共空间研究综述［J］. 风景园林，2021，28（4）：52-57.

［48］ 杜宁睿，杜志强 . 城市绿地演变的空间分析［J］. 武汉大学学报（工学版），2004（6）：121-124.

［49］ 宋菊芳，李星仪，张军 . 中国城市绿地系统 2009—2018 年研究综述与展望［J］. 华中建筑，2020，38（3）：123-126.

［50］ 王保忠，王彩霞，何平，等 . 城市绿地研究综述［J］. 城市规划汇刊，2004（2）：62-68，96.

［51］ 周建东，黄永高，熊作明 . 当前我国城市绿地规划设计过程中存在的问题与对策［J］. 上海交通大学学报（农业科学版），2007（3）：317-322.

［52］ 朱镱妮，程昊，孟祥彬，等 . 国土空间规划体系下城市绿地系统专项规划转型策略［J］. 规划师，2020，36（22）：32-39.

［53］ 邹锦，颜文涛 . 存量背景下公园城市实践路径探索——公园化转型与网络化建构［J］. 规划师，2020，36（15）：25-31.

［54］ 汤大为，韩若楠，张云路 . 面向国土空间规划的城市绿地系统规划评价优化研究［J］. 城市发展研究，2020，27（7）：55-60.

［55］ 张云路，关海莉，李雄 . 从园林城市到生态园林城市的城市绿地系统规划响应［J］. 中国园林，2017，33（2）：71-77.

［56］ 潘仪，刘泉 . 开放空间视角下城市绿地概念的现代演变［J］. 城市规划，2020，44（4）：83-89.

［57］ 郑宇，李玲玲，陈玉洁，等 . 公园城市视角下伦敦城市绿地建设实践［J］. 国际城市规划，2021，36（6）：136-140.

［58］ 张瑞，张青萍，唐健，等 . 我国城市绿地生态网络研究现状及发展趋势——基于 CiteSpace 知识图谱的量化分析［J］. 现代城市研究，2019（10）：2-11.

［59］ 杨文越，李昕，叶昌东 . 城市绿地系统规划评价指标体系构建研究［J］. 规划师，2019，35（9）：71-76.

［60］ 朱海雄，朱镱妮，程昊 . 城市总体规划阶段绿地系统完全控制策略［J］. 规划师，2018，34（8）：36-42.

［61］ 赵红霞，汤庚国 . 城市绿地空间格局与其功能研究进展［J］. 山东农业大学学报（自然科学版），

2007（1）: 155-158.

［62］ 张云路，李雄，邵明，等 . 基于城市绿地系统优化的绿地雨洪管理规划研究——以通辽市为例 [J]. 城市发展研究，2018，25（1）: 97-102.

［63］ 张绪良，徐宗军，张朝晖，等 . 青岛市城市绿地生态系统的环境净化服务价值 [J]. 生态学报，2011，31（9）: 2576-2584.

［64］ 胡勇，赵媛 . 南京城市绿地景观格局之初步分析 [J]. 中国园林，2004（11）: 37-39.

［65］ 蔺银鼎 . 城市绿地生态效应研究 [J]. 中国园林，2003（11）: 37-39.

［66］ 吴勇，苏智先 . 中国城市绿地现状及其生态经济价值评价 [J]. 四川师范学院学报（自然科学版），2002（2）: 184-188.

［67］ 陈康富，张一蕾，吴隽宇 . 基于生态系统服务量化的城市绿地布局公平性研究——以广州市越秀区为例 [J]. 生态科学，2023，42（3）: 202-212.

［68］ 张凤，张雷 . 城市"绿地系统 – 居民健康 – 经济发展"复合系统的耦合协调特征研究 [J]. 住宅与房地产，2023（13）: 105-109.

［69］ 刘杰，张浪，张青萍 . 城市绿地系统进化特征及驱动机制分析——以河南省许昌市为例 [J/OL]. 南京林业大学学报（自然科学版）: 1-13.

［70］ 刘昊东，杨俏敏，臧传富 .2000—2020 年广州城市绿地生态系统时空变化及其对地表蒸散的影响 [J]. 热带地理，2023，43（3）: 484-494.

［71］ 武巍，周龙，刘钰，等 . 应对城市热岛效应的公园系统布局及优化研究——以高密度城市澳门为例 [J]. 复旦学报（自然科学版），2023，62（2）: 217-225.

［72］ 金云峰，王淳淳，徐森 . 城市更新下公共绿地的社会效益 [J]. 中国城市林业，2023，21（1）: 1-7.

［73］ 肖华斌，何心雨，王玥，等 . 城市绿地与居民健康福祉相关性研究进展——基于生态系统服务供需匹配视角 [J]. 生态学报，2021，41（12）: 5045-5053.

［74］ 党辉，李晶，张渝萌，等 . 基于公平性评价的西安市城市绿地生态系统服务空间格局 [J]. 生态学报，2021，41（17）: 6970-6980.

［75］ 宫一路，李雪铭 . 城市中心区绿地系统生态承载力空间格局研究 [J]. 生态经济，2021，37（3）: 223-229.

［76］ 王俊帝，刘志强，邵大伟，等 . 基于 CiteSpace 的国外城市绿地研究进展的知识图谱分析 [J]. 中国园林，2018，34（4）: 5-11.

［77］ 陈嘉璐 . 基于 RS 和 GIS 的城市绿地系统综合评价与生态绿地系统构建——以西安市为例 [D]. 济南: 山东建筑大学，2017.

［78］ 张凤娥，王新军 . 上海城市更新中公共绿地的规划研究 [J]. 复旦学报（自然科学版），2009，48（1）: 106-110，116.

［79］ 金云峰，陈丽花，陶楠，等 . 社区公共绿地研究视角分析及展望 [J]. 住宅科技，2021，41（12）: 42-47.

［80］ 李双金，马爽，张淼，等 . 基于多源新数据的城市绿地多尺度评价: 针对中国主要城市的探索 [J]. 风景园林，2018，25（8）: 12-17.

［81］ 张悦文，金云峰 . 基于绿地空间优化的城市用地功能复合模式研究 [J]. 中国园林，2016，32（2）: 98-102.

［82］ 马琳，陆玉麒 . 基于路网结构的城市绿地景观可达性研究——以南京市主城区公园绿地为例 [J].

中国园林，2011，27（7）：92-96.

[83] 卢喆，金云峰，王俊祺.中西比较视角下我国城市公共开放空间的规划转型策略[M]//.中国风景园林学会.中国风景园林学会 2019 年会论文集.北京：中国建筑工业出版社，2019：788-792.

[84] 臧传富，卢欣晴.城市绿地生态系统蒸散的研究进展[J].华南师范大学学报（自然科学版），2020，52（3）：1-9.

[85] 哈思杰，方可，徐莎莎.生态文明视角下武汉市绿地系统规划建设探索[J].规划师，2020，36（11）：55-59.

[86] 覃文柯，王慧.基于 SEM 的城市绿地适老性评价体系[J].土木工程与管理学报，2020，37（2）：122-128，135.

[87] 刘洋，杨秋生.基于 LCA 的城市绿地管养对环境影响的量化方法探讨[J].中国园林，2019，35（10）：124-129.

[88] 王嘉楠，赵德先，刘慧，等.不同类型参与者对城市绿地树种的评价与选择[J].浙江农林大学学报，2017，34（6）：1120-1127.

[89] 彭云龙，高炎冰，张洪梅，等.基于 GIS 的城市绿地系统景观生态评价[J].北方园艺，2016（14）：84-88.

[90] 李方正，胡楠，李雄，等.海绵城市建设背景下的城市绿地系统规划响应研究[J].城市发展研究，2016，23（7）：39-45.

[91] 邱冰，张帆，申世广.城市绿地系统对历史城区空间格局保护的作用机理及实证分析——以第一批国家历史文化名城为取样分析对象[J].现代城市研究，2016（6）：126-132.

[92] 张力.城市绿地避灾功能的改造对策——以杭州钱江新城 CBD 核心区为例[J].浙江大学学报（理学版），2016，43（3）：372-378.

[93] 赵敬源，马西娜.城市绿地系统规划中生态评价体系的构建[J].西安建筑科技大学学报（自然科学版），2015，47（3）：392-397.

[94] 张云路.我国相关规划分类标准下的村镇绿地系统规划空间探索[J].中国园林，2014，30（9）：88-91.

[95] 刘滨谊，吴敏.基于空间效能的城市绿地生态网络空间系统及其评价指标[J].中国园林，2014，30（8）：46-50.

[96] 黄磊昌，宋悦，邹美智，等.基于资源与环境关系的城市绿地系统规划评价指标体系[J].规划师，2014，30（4）：119-124.

[97] 林业生态工程生态效益评价技术规程 DB11/T 1099—2014 [S].

[98] 森林生态系统服务功能评估规范 GB/T 38582—2020 [S].

[99] 管东生，陈玉娟，黄芬芳.广州城市绿地系统碳的贮存、分布及其在碳氧平衡中的作用[J].中国环境科学，1998（5）：53-57.

[100] 冷平生，杨晓红，苏芳，等.北京城市园林绿地生态效益经济评价初探[J].北京农学院学报，2004（4）：25-28.

[101] 陈自新，苏雪痕，刘少宗，等.北京城市园林绿化生态效益的研究（2）[J].中国园林，1998（2）：49-52.

[102] 陈自新，苏雪痕，刘少宗，等.北京城市园林绿化生态效益的研究（3）[J].中国园林，1998（3）：51-54.

[103] 高素萍，陈其兵，谢玉常 . 成都中心城区绿地系统景观格局现状分析 [J]. 中国园林，2005（7）：55-59.

[104] 杜松翠，魏开云 . 昆明市五华区城市绿地景观空间特征分析研究 [J]. 安徽农业科学，2011，39（25）：15550-15553.

[105] 王云才 . 基于景观破碎度分析的传统地域文化景观保护模式——以浙江诸暨市直埠镇为例 [J]. 地理研究，2011，30（1）：10-22.

[106] YUAN F，BAUER M E. Comparison of impervious surface area and normalized difference vegetation index as indicators of surface urban heat island effects in Landsat imagery[J].Remote Sensing of Environment，2007，106（3）：375-386.

[107] CARLSON T N，ARTHUR S T. The impact of land use—land cover changes due to urbanization on surface microclimate and hydrology：a satellite perspective[J]. Global and Planetary Change，2000，25（1/2）：49-65.

[108] CARLSON T N，RIPLEY D A. On the relation between NDVI，fractional vegetation cover，and leaf area index[J]. Remote Sensing of Environment，1997，62（3）：241-252.

[109] JONSSON P. Vegetation as an urban climate control in the subtropical city of Gaborone，Botswana[J]. International Journal of Climatology，2004，24（10）：1307-1322.

[110] 毛齐正，罗上华，马克明，等 . 城市绿地生态评价研究进展 [J]. 生态学报，2012，32（17）：5589-5600.

[111] YU C，WONG N H. Thermal benefits of city parks[J]. Energy and Buildings，2006，38（2）：105-120.

[112] 苏泳娴，黄光庆，陈修治，等 . 城市绿地的生态环境效应研究进展 [J]. 生态学报，2011，31（23）：302-315.

[113] 吴菲，李树华，刘娇妹 . 城市绿地面积与温湿效益之间关系的研究 [J]. 中国园林，2007（6）：71-74.

[114] 栾庆祖，叶彩华，刘勇洪，等 . 城市绿地对周边热环境影响遥感研究——以北京为例 [J]. 生态环境学报，2014，23（2）：252-261.

[115] 付益帆，杨凡，包志毅 . 基于空间句法和 LBS 大数据的杭州市综合公园可达性研究 [J]. 风景园林，2021，28（2）：69-75.

[116] 闫楚倩，马航，刘大平 . 基于空间句法的哈尔滨近代居住文化解读 [J]. 建筑学报，2020（S2）：152-157.

[117] KLAUS S，SABINE D，RALF H. Making friends in Zurich's urban forests and parks：The role of public green space for social inclusion of youths from different cultures[J]. Forest Policy and Economics，2009，11（1）：10-17.

[118] JULIA N G，DIMOS D. The contribution of urban green spaces to the improvement of environment in cities：case study of Chania，Greece [J]. Building and Environment，2010，45（6）：1401-1414.

[119] 高祥伟，张志国，费鲜芸 . 城市公园绿地空间分布均匀度网格评价模型 [J]. 南京林业大学学报

（自然科学版），2013，37（6）：96-100.

[120] 张朋飞. 城镇园林绿地分布均匀状态量化指标研究——以河南省新郑市三镇为例 [D]. 郑州：河南农业大学，2014.

[121] 金远. 对城市绿地指标的分析 [J]. 中国园林，2006（8）：56-60.

[122] 城市园林绿化评价标准 GB/T 50563—2010 [S].

[123] 胡坚强，夏有根，梅艳，等. 古树名木研究概述 [J]. 福建林业科技，2004（3）：151-154.

[124] 窦凯丽. 城市防灾应急避难场所规划支持方法研究 [D]. 武汉：武汉大学，2014.

[125] 张艺鸽. 基于空间句法和 AHP-TOPSIS-POE 法的城市公园空间组织构成量化分析 [D]. 郑州：河南农业大学，2022.

[126] 杜师博. 基于 AHP-TOPSIS 法的城市公园景观空间的尺度评价研究 [D]. 郑州：河南农业大学，2020.

[127] 向毅. 基于 AHP-TOPSIS 的生态护岸评价模型及应用 [D]. 长沙：长沙理工大学，2020.

[128] 刘菁. 武汉园林绿地与生态空间 70 年规划历程 [J]. 城乡规划，2019（5）：94-102.

[129] 张灵珠，崔敏榆，晴安蓝. 高密度城市休憩用地（开放空间）可达性的人本视角评价——以香港为例 [J]. 风景园林，2021，28（4）：34-39.

[130] 戴慎志. 城市综合防灾规划 [M]. 北京：中国建筑工业出版社，2011：19-24.

[131] 刘晓光. 城市绿地系统规划评价指标体系的构建与优化 [D]. 南京：南京林业大学，2015.

[132] 姚金，汤寿旎. 城市街道防灾避险绿地规划分析及旧区新区比较——以武汉为例 [J]. 城市建筑，2017（26）：61-64.

[133] 王硕. 国土空间规划背景下城市绿地系统评价体系研究——以青岛李沧区为例 [D]. 荆州：长江大学，2021.

[134] 吴佳雨，蔡秋阳，楚建群，等. 城市绿地防灾功能评估及规划策略——以武汉市为例 [J]. 城市问题，2015（8）：33-38.

[135] 汪鑫，吕萧. 武汉应急避难场所空间分布特征及需求分析 [J]. 中外建筑，2013（3）：42-45.

[136] RODE P. Strategic planning for London: Integrating city design and urban transportation[J]. Megacities: Urban Form, Governance, and Sustainability, 2011: 195-222.

[137] SHEKHU P. Planning Singapore: from Plan to Implementation[J]. The Making of the New Singapore Master Plan, 1998: 17-30.

[138] 史红文，秦泉，廖建雄，等. 武汉市 10 种优势园林植物固碳释氧能力研究 [J]. 中南林业科技大学学报，2011，31（9）：87-90.

[139] 李欣，蒋华伟，李静会，等. 苏州地区 10 种常见园林树木光合特性研究 [J]. 江苏林业科技，2014，41（1）：20-23.

[140] 张艳丽，费世民，李智勇，等. 成都市沙河主要绿化树种固碳释氧和降温增湿效益 [J]. 生态学报，2013，33（12）：3878-3887.

[141] 郑鹏，史红文，邓红兵，等. 武汉市 65 个园林树种的生态功能研究 [J]. 植物科学学报，2012，30（5）：468-475.

[142] 董艳杰. 不同林分类型生态服务功能价值评估——以上海浦江郊野公园为例 [D]. 南京：南京林业大学，2019.